钩针编织

孩子们喜欢的
早教玩具

日本 E&G 创意 / 编著

蒋幼幼 / 译

Crochet

children's toys

中国纺织出版社有限公司

目录 Contents

⚠ =有此标记的作品除了毛线和填充棉外，还使用了其他材料。
请确认使用时的注意事项（p.64），以保证孩子的安全。

六面体玩具 ⚠

手指玩偶

三明治

钓鱼玩具 ⚠

果蔬切切乐 ⚠

玩具收纳筐

换装小熊

纽扣太难了……

换装小物有头巾、尖顶帽、贝雷帽、
小挎包、类似狮子鬃毛的别致头套。
用喜欢的小物打扮小熊吧!

\小熊转眼变成了小狮子! /

8

贝雷帽搭配
小挎包!

制作方法▶p.30
重点教程▶p.28
设计 & 制作▶松本薫

冰激凌

选哪一个冰激凌好呢……

不同口味的冰激凌球与甜筒上
都缝着魔术贴，
可以随意组合玩耍。

制作方法▶p.33

设计▶冈本启子

制作▶冈深雪

I ice cream

9   10   11

12   13

甜甜圈

把 2 片重叠起来吧!

撕开魔术贴,
粘上不同的酱料,
就可以换成喜欢的口味。

制作方法▸p.34
重点教程▸p.28
设计▸冈本启子
制作▸惠（Megu）

14

milk M

15　　　　　　　　　　　16

17　　　　　　　　　　　18

专用车

19

20

21

22

制作方法▶p.35
设计 & 制作▶小野优子（ucono）

出发咯！

消防车、急救车、挖掘机、巡逻车，
每个作品的尺寸都刚好适合孩子的小手握住，
每个小汽车都是圆嘟嘟的，非常可爱。
车窗按配色花样钩织，再进行组合……

玩偶

大家一起玩吧！

23

24

这是小兔子和小熊玩偶。
只有耳朵的钩织方法不同，
学会了一个，另一个就会很简单吧！

制作方法▸p.38
设计 & 制作▸池上舞

厨房小物

模仿妈妈的样子烧饭做菜，
今天会做出什么呢？

25

26

27

28

只要环形钩织短针即可，
完成 1 个后，试着制作其他作品吧！
然后和孩子一起享受烹饪的乐趣，如何？

制作方法▶p.40
设计 & 制作▶池上舞

六面体玩具

里面有什么呢?

打开上面的圆形和方形盖子看看?

29

将 D 面带小球的绳子绕在上面,
下面来学习一下系鞋带。

解开 C 面的蝴蝶结,打开门帘,
就会看到不可思议的圆环!

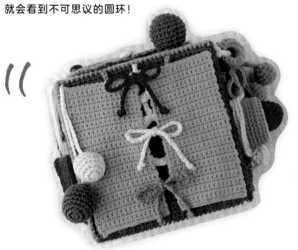

从 B 面的口袋偷偷往外看的,
是三角形、正方形和圆形三兄弟。

A 面是大小不同的花朵。
纽扣可以解开也可以扣上,完美!

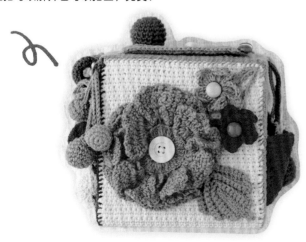

制作方法▸p.53
重点教程▸p.29
设计 & 制作▸河合真弓

套在哪根手指上呢？

手指玩偶

全部套上啦～

钩织头部和身体，再加上刺绣就完成啦！
试试和小动物们一起创作精彩的故事吧。

制作方法▶p.43
设计 & 制作▶编织玩偶牧场

37

38

41

39

40

43

42

三明治

放上食材……

我开动啦!

太美味了～～

面包片有不同的颜色,用自己喜欢的颜色钩织 2 片,
再将喜爱的食材夹在中间。
也可以制作成单片三明治哦!

制作方法▶p.47
设计 & 制作▶长者加寿子

钓鱼玩具

钓到小螃蟹啦！

制作方法▶p.49
重点教程▶p.29
设计 & 制作▶小野优子（ucono）

44

45

46

47

UN POISSON

48

49

50

缝合 2 片相同的主体，再加上刺绣……
缝合时在中间放入磁铁，
就可以玩钓鱼游戏了。

※ 内含磁铁有危险，切勿放入口中。

果蔬切切乐

51

52

53

54

55

制作方法▶p.51

设计 & 制作▶川路由美子

切蔬菜真好玩啊~

快看！快看！切开啦~

每种水果蔬菜都可以切成上、下两部分。
其中，苹果是在果核的部分做了粘贴设计。

※ 菜刀的内芯是用包包的底板制作的。
有一定危险，请勿对着脸部和眼睛，也不要含在口中。

玩具收纳筐

56

57

尽情玩耍后，
请把玩具放回原位。
明天再痛痛快快地玩哦！

不仅可以当作玩具箱，
也可以收纳小件物品。
2 款作品的编织图解相同，
不妨试试自己喜欢的颜色吧。

制作方法▸p.59
设计 & 制作▸池上舞

本书使用线材介绍

DMC 株式会社

1.Happy Cotton
棉 100%，20g/ 团，约 43m，50 色，钩针 5/0 号

和麻纳卡株式会社

2.Wash Cotton
棉 64%、涤纶 36%，40g/ 团，约 102m，29 色，钩针 4/0 号

3.Flax K
亚麻 78%、棉 22%，25g/ 团，约 62m，钩针 5/0 号

4.Cotton Nottoc
棉 100%，25g/ 团，约 90m，15 色，钩针 4/0 号

横田株式会社·DARUMA

5.Knitting Cotton
棉 100%，50g/ 团，约 100m，12 色，钩针 7/0~8/0 号

6.Cotton & Linen Large
棉 70%、麻(亚麻 15%、苎麻 15%)30%，50g/ 团，约 201m，15 色，钩针 3/0~4/0 号

7.梦色木棉
棉 100%，25g/ 团，约 26m，23 色，钩针 7/0~9/0 号

*1~7 自左向右表示为：材质→规格→线长→颜色数→适用针号。
* 颜色数为截至 2021 年 6 月的数据。
* 因为印刷的关系，可能存在些许色差。
* 为方便读者参考，全书线材型号均保留英文。

基础教程

*配色花样中配色线的换线方法 (将渡线包在针脚里钩织的方法)

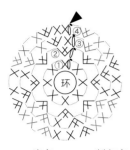

—— =米色　—— =粉红色

1 用主色线 (米色) 钩织至第 2 圈，第 3 圈一边换色一边钩织。先用主色线钩 3 针，注意第 3 针钩织未完成的短针 (参照 p.61)，然后在针头挂上配色线 (粉红色)，如箭头所示引拔。

2 引拔后，编织线就换成了配色线。接下来用配色线钩 2 针，同时将未使用的另一根线 (渡线) 包在针脚里一起钩织。

3 第 6 针钩织未完成的短针，然后在针头挂上主色线，如箭头所示引拔。

4 编织线换成主色线后的状态。按步骤 1~3 的要领，将渡线包在针脚里继续钩织。在需要换色的前一针，将编织线换成下一针的颜色，然后继续钩织。

5 钩织一圈最后的引拔针时，在针脚里插入钩针，将渡线 (配色线) 从下面拉上来挂在针上，再在针头挂上下一圈第 1 针的编织线 (主色线) 引拔。

6 引拔后，第 3 圈就完成了。下一圈要编织的配色线也一起拉上来。

*卷针缝合
· 挑取全针缝合的情况

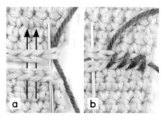

1 在缝针上穿好线，将织片正面朝上对齐。如箭头所示，交替用缝针挑取针脚头部的 2 根横线。起始和结尾的针脚各穿 2 次针。

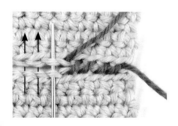

2 指定挑取半针缝合的作品中，如箭头所示挑起针脚头部的外侧半针进行缝合。

*罗纹绳的钩织方法

1 留出 3 倍于想要编织长度的线，钩 1 针锁针 (a)。将留出的线从前往后挂在针上，再如箭头所示在针头挂线 (b)。

2 如箭头所示引拔穿过针上的线圈 (a)。b 是引拔后的状态。

3 重复钩织几针后的状态。

*钩织终点的收紧方法

1 最后一圈钩织完成后，塞入填充棉。将钩织终点的线头稍微留长一点剪断，将线头穿入缝针，在最后一圈头部的外侧半针里逐一挑针。

2 挑针一圈后的状态。

3 将线头拉紧。

4 剩下的线头在织物中穿几次后藏好，注意不要在正面露出。

27

重点教程

※ 为了便于理解，图中使用不同颜色和粗细的线进行演示。

1 图片▶p.4, p.5 制作方法▶p.30
*胯部的钩织方法

右腿   左腿

1 左腿钩织至第8圈，右腿钩织至裆部。

2 参照符号图，如图所示将裆部的6针与左侧的6针做卷针缝合。

3 在左腿的第3针里接线，钩织胯部。

4 参照符号图钩织一圈后的状态。

2、4 图片▶p.4, p.5 制作方法▶p.30
*肩带与主体的缝合方法

1 如图所示，在环形肩带与主体的指定位置分别挑取外侧1根线穿针。

2 缝合几针后的状态。在起始的针脚里要穿2次针。

3 一侧缝合完成后的状态。另一侧也用相同方法缝合。

8 图片▶p.4, p.5 制作方法▶p.30
*从主体上挑针钩织的方法

1 在主体第1圈剩下的半针里接线，按"引拔针、7针锁针"的顺序钩织。

2 钩完1个花样和下一个引拔针后的状态。

3 钩完一圈后的状态。接着在主体的第2圈上挑针钩织一圈，在第3圈上重新接线后用相同方法继续挑针钩织。

16 图片▶p.7 制作方法▶p.34
*6针长长针的枣形针的钩织方法

 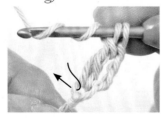  

1 在针头绕2圈线，在第1针锁针里插入钩针，钩织未完成的长长针（参照p.61）。

2 钩完1针未完成的长长针后的状态。接着在针头绕2圈线，在步骤1的同一个针脚里插入钩针，钩织未完成的长长针。

3 重复步骤1、2钩织5针未完成的长长针后，在针头挂线，如箭头所示一次性引拔穿过6个线圈。

4 引拔后，6针长长针的枣形针就完成了。

28

46 图片▶p.20, p.21 制作方法▶p.49

＊没有起立针的环形钩织方法（螺旋状钩织）

1 第1圈完成后，第2圈如箭头所示在第1针里插入钩针，呈螺旋状接着钩织短针。

2 第2圈的第1针短针完成后的状态。

3 接着钩织第2圈，图中是第3圈的第1针短针完成后的状态。因为没有起立针，继续环形钩织下一圈，针脚呈螺旋状。

4 在步骤**3**中第3圈的第1针（★）里用线做上标记。接下来，一边钩织一边将标记线移至每圈的第1针，以便计算钩织了几圈，也不会看错起始针的位置。

29 图片▶p.14, p.15 制作方法▶p.53

＊C面圆环的钩织方法

5 参照步骤**1~4**钩织至第5圈后的状态。

用2根指定的线起针，如箭头所示成束挑起锁针钩织所需针数的短针。

＊门帘上锁针的钩织方法

1 参照符号图在指定位置接线。留出25cm左右的线头用于交缠。

2 如图所示将用于交缠的线头从后往前挂在针上，再在针头挂线引拔。

3 引拔后就完成了1针锁针，此时用于交缠的线挂在编织线的上面。在此状态下直接钩1针锁针。

4 重复步骤**2、3**，交替缠线钩8针锁针后的状态。一边缠线一边钩织锁针，这样既可以很好地隐藏线头，还能让锁针稍微变粗一点。

＊D面圆环的缝合方法

1 圆环的织片完成后，一边在织片的上下两侧插入缝针做卷针缝合，一边塞入薄薄的填充棉。

2 缝合至末端后，织片变成了圆筒形。缝合线暂时不要剪断。

＊从小球上钩织绳子的方法

3 将步骤**1、2**中缝合的部位朝内绕成环形，用步骤**2**留出的线头如图所示缝合圆筒的起点和终点。

1 如图所示，在两侧针脚头部的内侧半针里挑针，针头挂线后拉出。

2 拉出后接上线的状态。

3 继续钩织指定针数的绳子。图中是钩完1针锁针后的状态。

1~8 换装小熊

图片 ▶ p.4, p.5　重点教程 ▶ p.28

准备材料

【线】DMC Happy Cotton
1 米色系（773）34g，黑色（775）少量
2 橙色系（753）3g，茶色系（777）2g
3 淡黄色系（771）17g
4 藏青色系（758）3g，翠蓝色系（784）2g
5 苔绿色系（780）9g
6 浅紫色系（760）、浅蓝色系（767）各4g，本白色系（761）1g
7 嫩草色系（752）、米色系（776）、本白色系（761）各3g，嫩粉色系（764）2g
8 朱红色系（790）13g
【针】钩针5/0号、6/0号（仅用于钩织 2、4 的肩带）
【其他】
填充棉适量（通用）
1 日本编织玩偶协会 眼睛配件（纽扣式）/ 黑色（6mm）1对

成品尺寸

参照图示

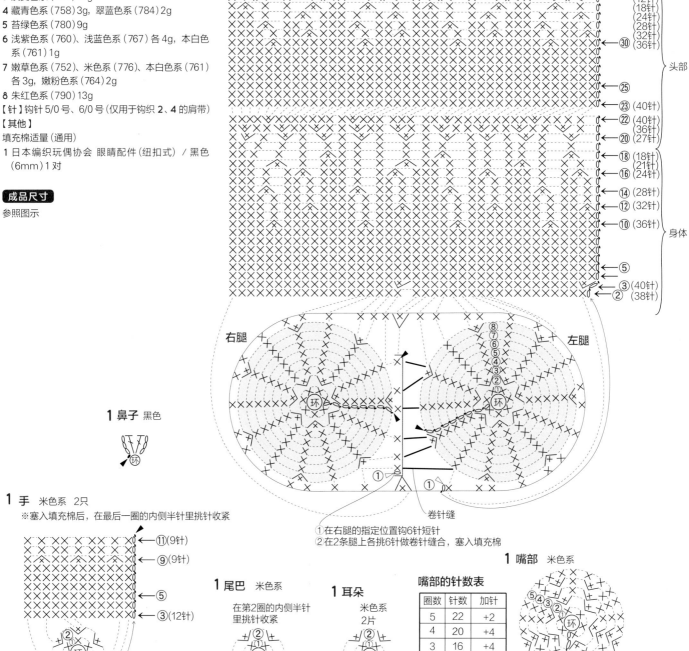

1 头部、身体 米色系

※一边钩织，一边在中途塞入填充棉
※塞入填充棉后，在最后一圈的内侧半针里挑针收紧

36 (8针)
(12针)
(18针)
(24针)
(28针)
30 (32针)
(36针)
25
23 (40针)
22 (40针)
(36针)
20 (27针)
18 (18针)
(21针)
16 (24针)
14 (28针)
12 (32针)
10 (36针)
5
3 (40针)
2 (38针)

头部
身体

右腿　左腿

卷针缝

①在右腿的指定位置钩6针短针
②在2条腿上各挑6针做卷针缝合，塞入填充棉

1 鼻子 黑色

1 手 米色系 2只

※塞入填充棉后，在最后一圈的内侧半针里挑针收紧

⑪(9针)
⑨(9针)
⑤
③(12针)

1 尾巴 米色系

在第2圈的内侧半针里挑针收紧

1 耳朵

米色系
2片

1 嘴部 米色系

嘴部的针数表

圈数	针数	加针
5	22	+2
4	20	+4
3	16	+4
2	12	+6
1	6	

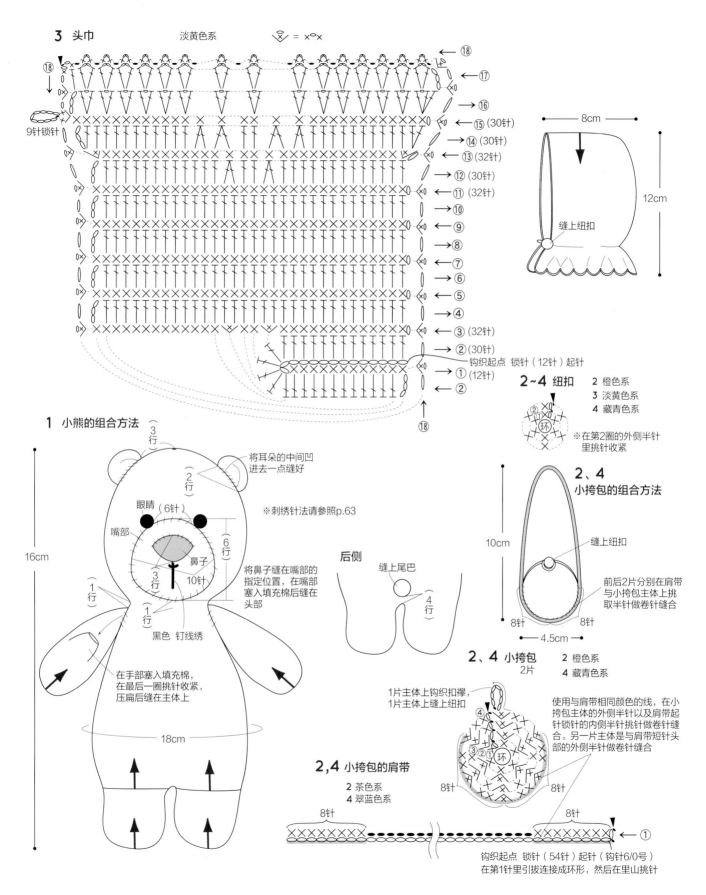

3 头巾　　淡黄色系　　$\vee$ = ×○×

18 ← 18
← 17
→ 16
→ 15 (30针)
9针锁针
→ 14 (30针)
← 13 (32针)
→ 12 (30针)
← 11 (32针)
→ 10
→ 9
→ 8
← 7
→ 6
← 5
→ 4
← 3 (32针)
→ 2 (30针)
钩织起点 锁针（12针）起针
→ 1 (12针)
← 2
↑ 18

8cm

12cm

缝上纽扣

2~4 纽扣　　2 橙色系
　　　　　　　3 淡黄色系
　　　　　　　4 藏青色系

※在第2圈的外侧半针
里挑针收紧

1 小熊的组合方法

3行

将耳朵的中间凹
进去一点缝好

2行

※刺绣针法请参照p.63

眼睛（6针）
嘴部
鼻子
6行

10针
3行

1行

将鼻子缝在嘴部的
指定位置，在嘴部
塞入填充棉后缝在
头部

1行

16cm

黑色 钉线绣

在手部塞入填充棉，
在最后一圈挑针收紧，
压扁后缝在主体上

18cm

后侧

缝上尾巴

4行

2、4 小挎包的组合方法

10cm

缝上纽扣

前后2片分别在肩带
与小挎包主体上挑
取半针做卷针缝合

8针　　8针

4.5cm

2、4 小挎包　　2 橙色系
　　2片　　　　　　4 藏青色系

1片主体上钩织扣襻，
1片主体上缝上纽扣

使用与肩带相同颜色的线，在小
挎包主体的外侧半针以及肩带起
针锁针的内侧半针挑针做卷针缝
合。另一片主体是与肩带短针头
部的外侧半针做卷针缝合

8针　　8针

2,4 小挎包的肩带

2 茶色系
4 翠蓝色系

8针　　8针

钩织起点 锁针（54针）起针（钩针6/0号）
在第1针里引拔连接成环形，然后在里山挑针

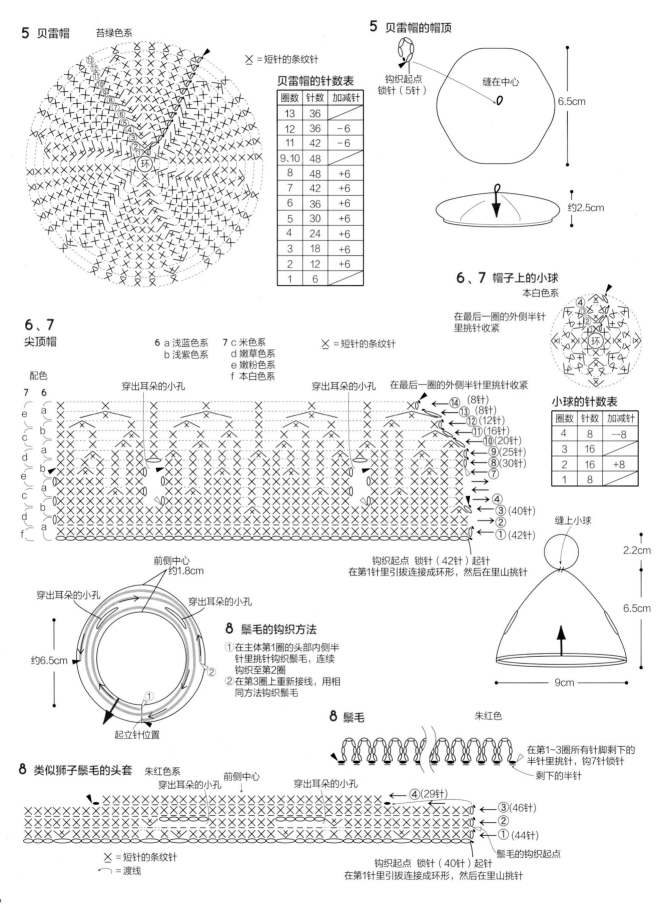

5 贝雷帽 苔绿色系

✕ = 短针的条纹针

贝雷帽的针数表

圈数	针数	加减针
13	36	
12	36	−6
11	42	−6
9、10	48	
8	48	+6
7	42	+6
6	36	+6
5	30	+6
4	24	+6
3	18	+6
2	12	+6
1	6	

5 贝雷帽的帽顶

钩织起点
锁针（5针）

缝在中心

6.5cm

约2.5cm

6、7 帽子上的小球 本白色系

在最后一圈的外侧半针里挑针收紧

小球的针数表

圈数	针数	加减针
4	8	−8
3	16	
2	16	+8
1	8	

6、7 尖顶帽

6 a 浅蓝色系　7 c 米色系
　b 浅紫色系　　d 嫩草色系
　　　　　　　　e 嫩粉色系
　　　　　　　　f 本白色系

✕ = 短针的条纹针

配色

7 6
a
c
b
a
b
e
c
d
f a

穿出耳朵的小孔

穿出耳朵的小孔

在最后一圈的外侧半针里挑针收紧

(8针) ⑭
(8针) ⑬
(12针) ⑫
(16针) ⑪
(20针) ⑩
(25针) ⑨
(30针) ⑧
⑦
④
③
②(40针)
①(42针)

钩织起点 锁针（42针）起针
在第1针里引拔连接成环形，然后在里山挑针

缝上小球

2.2cm

6.5cm

9cm

前侧中心
约1.8cm

穿出耳朵的小孔

穿出耳朵的小孔

约6.5cm

起立针位置

8 鬃毛的钩织方法

①在主体第1圈的头部内侧半针里挑针钩织鬃毛，连续钩织至第2圈
②在第3圈上重新接线，用相同方法钩织鬃毛

8 鬃毛 朱红色

在第1~3圈所有针脚剩下的半针里挑针，钩7针锁针
剩下的半针

8 类似狮子鬃毛的头套 朱红色系

前侧中心

穿出耳朵的小孔

穿出耳朵的小孔

④(29针)
③(46针)
②
①(44针)

鬃毛的钩织起点

钩织起点 锁针（40针）起针
在第1针里引拔连接成环形，然后在里山挑针

✕ = 短针的条纹针
⌒ = 渡线

9~13 冰激凌

图片▶p.6

准备材料

【线】DMC Happy Cotton
9 薄荷绿色系 (783) 7g, 茶色系 (777) 少量
10 嫩粉色系 (764) 7g, 绿色系 (781)、柠檬黄色系 (788)、红色系 (789) 各少量
11 茶色系 (777) 7g, 本白色系 (761) 少量
12 米色系 (773) 15g
13 米色系 (776) 15g
【针】钩针 4/0 号
【其他】(通用)
魔术贴 (直径 2.2cm) 3 组、填充棉适量

成品尺寸

参照图示

= 外钩长针 　　　 = 内钩长针 (看着反面钩织时，钩织外钩长针)

12、13 甜筒 米色系

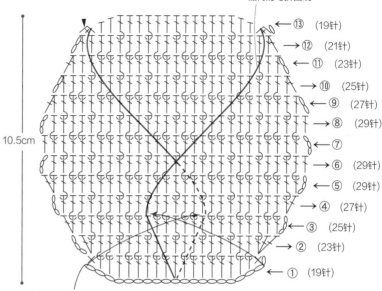

- ⑬ (19针)
- ⑫ (21针)
- ⑪ (23针)
- ⑩ (25针)
- ⑨ (27针)
- ⑧ (29针)
- ⑦
- ⑥ (29针)
- ⑤ (29针)
- ④ (27针)
- ③ (25针)
- ② (23针)
- ① (19针)

10.5cm

甜筒的弯折曲线

钩织起点 锁针 (19针) 起针

12cm

12、13 甜筒的组合方法

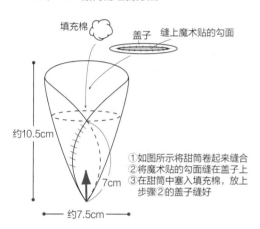

填充棉　盖子　缝上魔术贴的勾面

约10.5cm

7cm

约7.5cm

①如图所示将甜筒卷起来缝合
②将魔术贴的勾面缝在盖子上
③在甜筒中塞入填充棉，放上步骤②的盖子缝好

12、13 甜筒的盖子 米色系

3.5cm

盖子的针数表

圈数	针数	加针
4	24	+6
3	18	+6
2	12	+6
1	6	

9~11 冰激凌球

9 薄荷绿色系　10 嫩粉色系　11 茶色系

在第12圈剩下的内侧半针里钩织边缘 (12个网格)
⑫

在最后一圈的针脚里挑针穿入线头，塞入填充棉后收紧

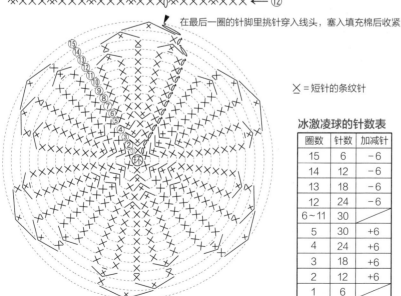

✕ = 短针的条纹针

冰激凌球的针数表

圈数	针数	加减针
15	6	−6
14	12	−6
13	18	−6
12	24	−6
6~11	30	
5	30	+6
4	24	+6
3	18	+6
2	12	+6
1	6	

9

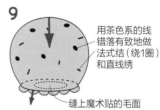

用茶色系的线错落有致地做法式结 (绕1圈) 和直线绣

缝上魔术贴的毛面

10

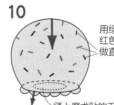

用绿色系、柠檬黄色系、红色系的线错落有致地做直线绣

缝上魔术贴的毛面

11

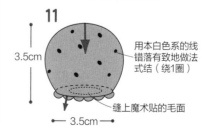

3.5cm

3.5cm

用本白色系的线错落有致地做法式结 (绕1圈)

缝上魔术贴的毛面

14~18 甜甜圈

图片▶p.7　重点教程▶p.28

准备材料

【线】DMC Happy Cotton
14 奶黄色系（787）9g，本白色系（761）3g，柠檬
　黄色系（788）少量
15 茶色系（777）7g，苔绿色系（780）3g，本白色
　系（761）2g
16 本白色系（761）10g，苔绿色系（780）、玫粉色
　系（755）各2g
17 米色系（776）16g
18 米色系（773）10g
【针】钩针5/0号
【其他】
填充棉适量（通用）
14~16 魔术贴（边长1cm／勾面）各3片
17、18 魔术贴（边长1cm／毛面）各3片

成品尺寸

参照图示

甜甜圈的针数表

圈数	针数	加针
8~9	63	
7	63	+7
6	56	+8
5	48	+12
4	36	+9
3	27	+9
2	18	
1	18	

17、18 甜甜圈　17 米色系 各2片　18 米色系

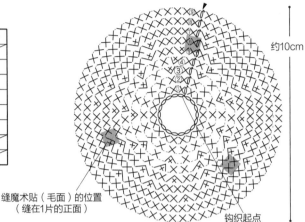

约10cm

缝魔术贴（毛面）的位置
（缝在1片的正面）

钩织起点
锁针（18针）起针
在第1针里引拔连接成环形

甜甜圈的组合方法
①在2个织片中心的起针针脚里挑针做卷针缝合
②一边塞入填充棉，一边在最后一圈短针的外侧半针里挑针做卷针缝合

魔术贴

填充棉

14 组合方法

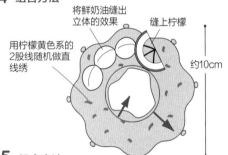

用柠檬黄色系的2股线随机做直线绣

将鲜奶油缝出立体的效果

缝上柠檬

约10cm

酱料的针数表

圈数	针数	加针
4	56	
3	56	+8
2	48	+12
1	36	

14~16 酱料
14 奶黄色系
15 茶色系
16 本白色系

钩织起点
锁针（36针）起针
在第1针里引拔连接成环形

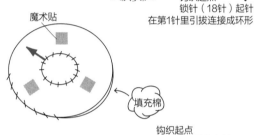

缝魔术贴（勾面）的位置（缝在反面）

15 组合方法

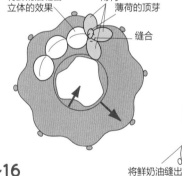

将鲜奶油缝出立体的效果

薄荷
薄荷的顶芽

缝合

16 组合方法

缝上薄荷

将鲜奶油缝出立体的效果

缝上草莓

将鲜奶油缝出立体的效果

14~16 鲜奶油　本白色系

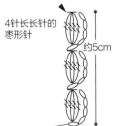

4针长长针的枣形针

约5cm

钩织起点 锁针（1针）起针

16 鲜奶油　本白色系

6针长长针的枣形针（参照p.28）

钩织起点 锁针（1针）起针

15 薄荷的顶芽　苔绿色

钩织起点 锁针（4针）起针

15 薄荷　3片　苔绿色

钩织起点 锁针（4针）起针

16 草莓　玫粉色系

※塞入填充棉，在最后一圈的针脚里挑针收紧

2.3cm

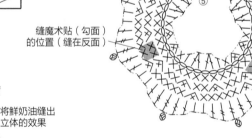

环

14 柠檬

── =奶黄色系
── =本白色系
▬ =柠檬黄色系

环

用指定颜色的线钩织各行，将反面用作正面

用本白色系的线做直线绣

3.5cm

19~22 专用车

图片▶p.8, p.9

准备材料

【线】DMC Happy Cotton

19 红色系（789）13g，黑色（775）2g，浅蓝色系（765）1.5g，灰色系（774）、柠檬黄色系（788）各少量

20 本白色系（761）10g，红色系（789）3.5g，浅蓝色系（765）、黑色（775）各2g

21 柠檬黄色系（788）10g，黑色（775）5g，灰色系（774）3g，浅蓝色系（765）1g

22 本白色系（761）6g，黑色（775）5g，浅蓝色系（765）、灰色系（774）各2g，柠檬黄色系（788）、红色系（789）各1g

【针】钩针5/0号

【其他】（通用）

填充棉适量

成品尺寸

参照图示

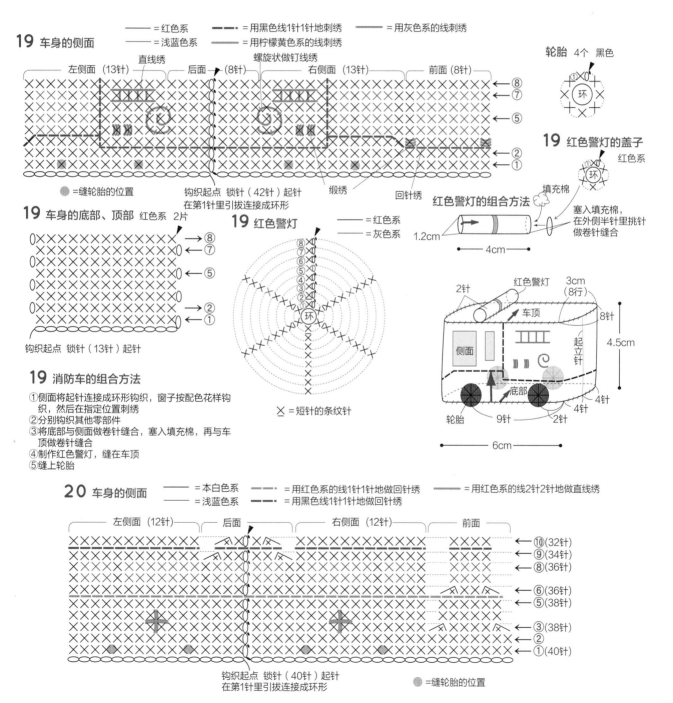

19 车身的侧面

—=红色系　　-·-·=用黑色线1针1针地刺绣　　=用灰色系的线刺绣
—=浅蓝色系　　-·-·=用柠檬黄色系的线刺绣

直线绣　　螺旋状做钉线绣

左侧面（13针）　后面（8针）　右侧面（13针）　前面（8针）

●=缝轮胎的位置

钩织起点 锁针（42针）起针 在第1针里引拔连接成环形

缎绣　　回针绣

19 车身的底部、顶部 红色系 2片

钩织起点 锁针（13针）起针

19 红色警灯

—=红色系
—=灰色系

×=短针的条纹针

19 消防车的组合方法

①侧面将起针连接成环形钩织，窗子按配色花样钩织，然后在指定位置刺绣
②分别钩织其他零部件
③将底部与侧面做卷针缝合，塞入填充棉，再与车顶做卷针缝合
④制作红色警灯，缝在车顶
⑤缝上轮胎

轮胎 4个 黑色

19 红色警灯的盖子 红色系

红色警灯的组合方法

填充棉

塞入填充棉，在外侧半针里挑针做卷针缝合

1.2cm　4cm

红色警灯（8行）3cm

车顶　2针
8针
4.5cm
侧面
起立针
底部　4针
轮胎　9针　2针
6cm

20 车身的侧面

—=本白色系　　-·-·=用红色系的线1针1针地做回针绣　　=用红色系的线2针2针地做直线绣
—=浅蓝色系　　-·-·=用黑色线1针1针地做回针绣

左侧面（12针）　后面　右侧面（12针）　前面

←⑩(32针)
←⑨(34针)
←⑧(36针)
←⑥(36针)
←⑤(38针)
←③(38针)
←②
←①(40针)

钩织起点 锁针（40针）起针 在第1针里引拔连接成环形

●=缝轮胎的位置

35

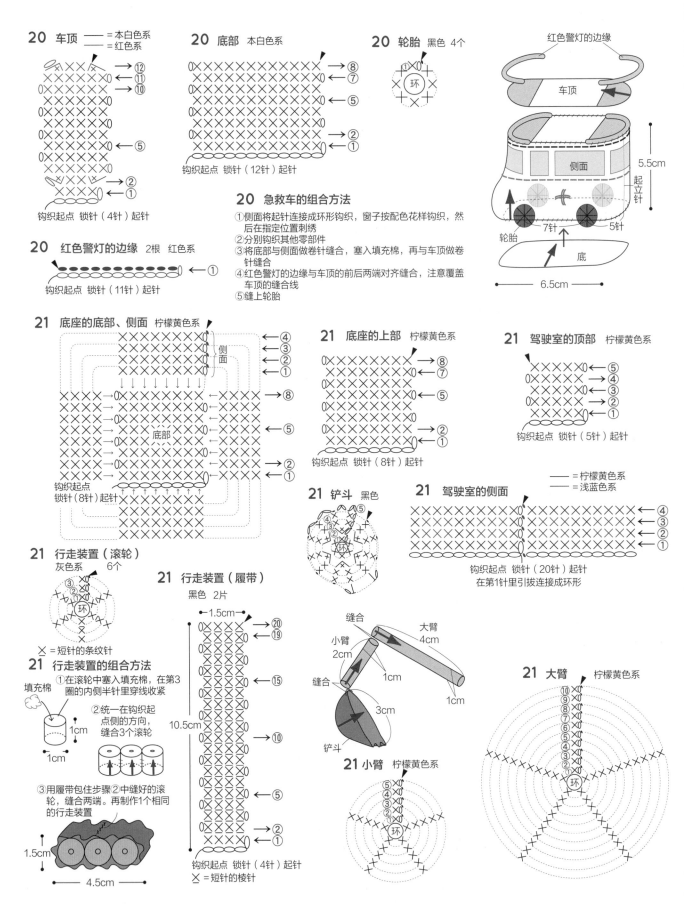

20 车顶 —— =本白色系
—— =红色系

→ ⑫
← ⑪
→ ⑩
← ⑤
→ ②
← ①

钩织起点 锁针（4针）起针

20 底部 本白色系

→ ⑧
← ⑦
← ⑤
→ ②
← ①

钩织起点 锁针（12针）起针

20 轮胎 黑色 4个

① ②
环
→ ⑦

20 急救车的组合方法

①侧面将起针连接成环形钩织，窗子按配色花样钩织，然后在指定位置刺绣
②分别钩织其他零部件
③将底部与侧面做卷针缝合，塞入填充棉，再与车顶做卷针缝合
④红色警灯的边缘与车顶的前后两端对齐缝合，注意覆盖车顶的缝合线
⑤缝上轮胎

红色警灯的边缘
车顶
侧面
5.5cm
起立针
7针
5针
轮胎
底
6.5cm

20 红色警灯的边缘 2根 红色系

← ①

钩织起点 锁针（11针）起针

21 底座的底部、侧面 柠檬黄色系

侧面
← ④
← ③
← ②
← ①
→ ⑧
底部
← ⑤
→ ②
← ①

钩织起点
锁针（8针）起针

21 底座的上部 柠檬黄色系

→ ⑧
← ⑦
← ⑤
→ ②
← ①

钩织起点 锁针（8针）起针

21 驾驶室的顶部 柠檬黄色系

→ ⑤
← ④
→ ③
← ②
← ①

钩织起点 锁针（5针）起针

—— =柠檬黄色系
—— =浅蓝色系

21 驾驶室的侧面

← ④
← ③
← ②
← ①

钩织起点 锁针（20针）起针
在第1针里引拔连接成环形

21 铲斗 黑色

环

21 行走装置（滚轮）

灰色系 6个

③
②
①
环

╳ =短针的条纹针

21 行走装置的组合方法

①在滚轮中塞入填充棉，在第3圈的内侧半针里穿线收紧

填充棉
1cm
1cm

②统一在钩织起点侧的方向，缝合3个滚轮

③用履带包住步骤②中缝好的滚轮，缝合两端。再制作1个相同的行走装置

1.5cm
4.5cm

21 行走装置（履带）

黑色 2片

1.5cm
→ ⑳
→ ⑲
← ⑮
← ⑩
← ⑤
→ ②
← ①
10.5cm

钩织起点 锁针（4针）起针
╳ =短针的棱针

缝合
小臂
2cm
大臂
4cm
缝合
1cm
3cm
铲斗

21 小臂 柠檬黄色系

⑤
④
③
②
①
环

21 大臂 柠檬黄色系

⑩
⑨
⑧
⑦
⑥
⑤
④
③
②
①
环

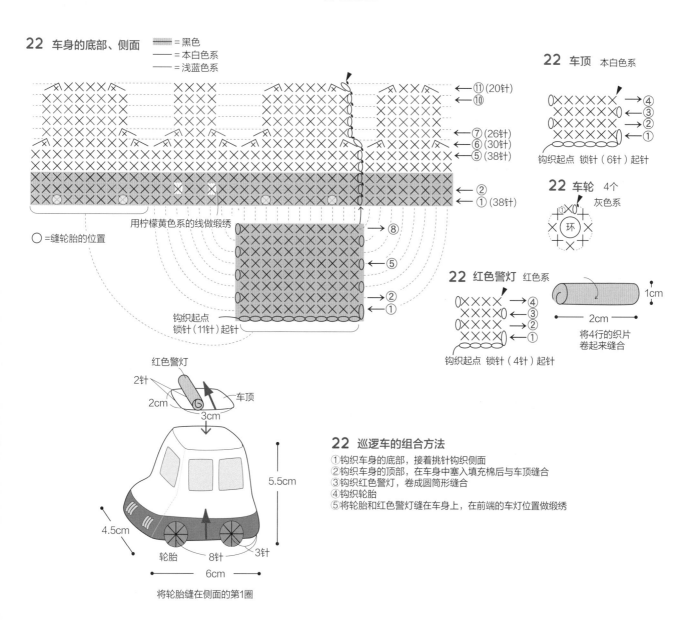

21 从车身上方看到的状态

4cm

底座
大臂
驾驶室

4cm
2.5cm
2.5cm

21 从车身下方看到的状态

行走装置
底座的底部
行走装置

驾驶室的顶部
驾驶室的侧面
5针
5针
8cm
3针
2.5cm
3针
5针
（2行）
底座
2.5cm
1.5cm
4.5cm
4cm

将滚轮的钩织起点侧朝外缝在车底

将铲斗的顶端缝在底座侧面从上往下数2行的位置

21 挖掘机的组合方法

①钩织底座的底部，接着挑针钩织侧面
②钩织底座的上部，在底座中塞入填充棉后缝合
③钩织驾驶室的侧面和顶部，缝合后塞入填充棉。参照图示将驾驶室放在底座的一角，缝在底座上
④钩织行走装置的零部件，组装滚轮和履带
⑤钩织并组装铲斗、大臂和小臂
⑥将行走装置缝在底座的底部
⑦将铲斗的顶端缝在底座上

22 车身的底部、侧面

　　　= 黑色
　　　= 本白色系
　　　= 浅蓝色系

⑪（20针）
⑩
⑦（26针）
⑥（30针）
⑤（38针）
②
①（38针）

用柠檬黄色系的线做缎绣

○ = 缝轮胎的位置

钩织起点 锁针（11针）起针

⑧
⑤
②
①

22 车顶　本白色系

④
③
②
①

钩织起点 锁针（6针）起针

22 车轮　4个　灰色系

环

22 红色警灯　红色系

④
③
②
①

钩织起点 锁针（4针）起针

1cm
2cm
将4行的织片卷起来缝合

红色警灯
2针
2cm
车顶
3cm

5.5cm
4.5cm
轮胎
8针
3针
6cm

将轮胎缝在侧面的第1圈

22 巡逻车的组合方法

①钩织车身的底部，接着挑针钩织侧面
②钩织车身的顶部，在车身中塞入填充棉后与车顶缝合
③钩织红色警灯，卷成圆筒形缝合
④钩织轮胎
⑤将轮胎和红色警灯缝在车身上，在前端的车灯位置做缎绣

23、24 玩偶

图片 ▶ p.10, p.11

准备材料

【线】DARUMA
23 Knitting Cotton / 浅粉色（4）38g，米色（2）1g；
　　Cotton & Linen Large / 黑色（10）少量
24 Knitting Cotton / 红褐色（3）36g，米色（2）1g；
　　Cotton & Linen Large / 黑色（10）少量
【针】钩针 7/0 号
【其他】
填充棉适量（通用）
23 缎带（水蓝色 / 0.6cm 宽）15cm
24 缎带（黄绿色 / 0.6cm 宽）15cm

成品尺寸

23 体长 23.5cm
24 体长 20.5cm

头部（通用） 23 浅粉色 24 红褐色

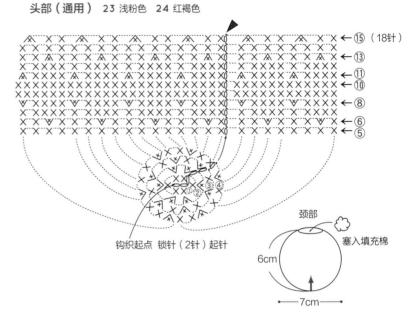

钩织起点 锁针（2针）起针

颈部
塞入填充棉
6cm
7cm

腿（通用） 2条
23 浅粉色 24 红褐色

腿的针数表

圈数	针数	加减针
6~14	10	
5	10	−2
3、4	12	
2	12	+6
1	6	

钩织起点
锁针（2针）起针

2.5cm
上端空出
1cm左右
填充棉
6.5cm
第5圈的减针位置作为
脚尖侧

身体（通用） 23 浅粉色 24 红褐色

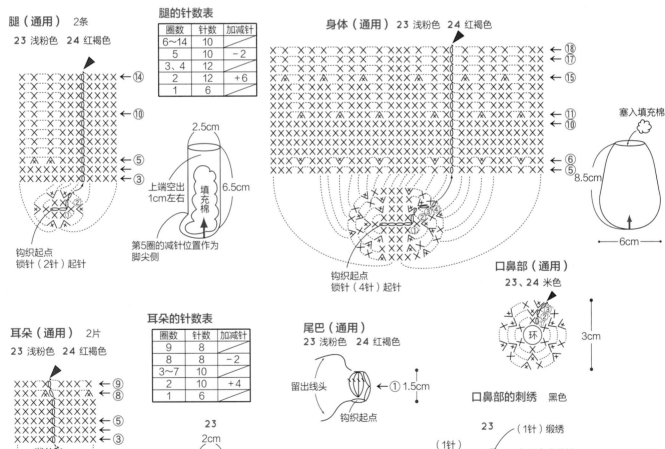

钩织起点
锁针（4针）起针

塞入填充棉
8.5cm
6cm

口鼻部（通用）
23、24 米色

环
3cm

耳朵（通用） 2片
23 浅粉色 24 红褐色

耳朵的针数表

圈数	针数	加减针
9	8	
8	8	−2
3~7	10	
2	10	+4
1	6	

钩织起点 锁针（2针）起针

23钩织至第2圈
（10针）

23
2cm
24
2cm
4.5cm
1cm

尾巴（通用）
23 浅粉色 24 红褐色

留出线头
钩织起点
1.5cm

口鼻部的刺绣 黑色

23
（1针）缎绣
（1针）
直线绣
（1行）直线绣
（1行）
起立针位置

24将嘴部绣
成倒Y字形
（1针）

手 2只

23 浅粉色　24 红褐色

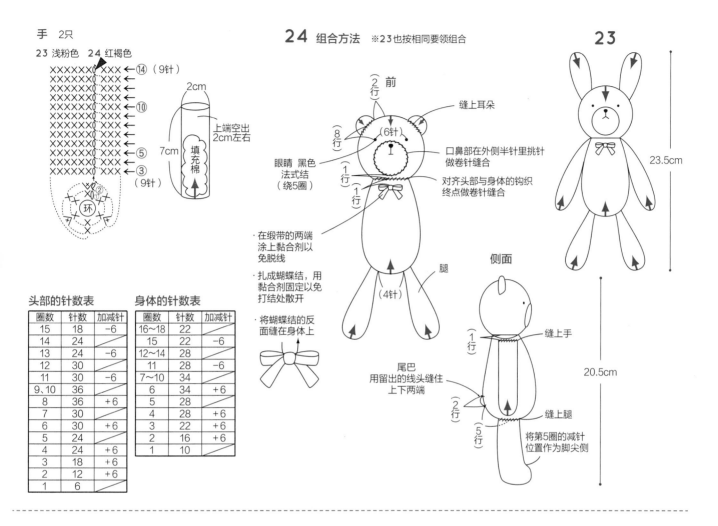

24 组合方法　※23也按相同要领组合

23

2cm

上端空出2cm左右

7cm

填充棉

前
（2行）
（8行）
（6针）
缝上耳朵
眼睛 黑色 法式结（绕5圈）
口鼻部在外侧半针里挑针做卷针缝合
对齐头部与身体的钩织终点做卷针缝合
（1行）

· 在缎带的两端涂上黏合剂以免脱线
· 扎成蝴蝶结，用黏合剂固定以免打结处散开
· 将蝴蝶结的反面缝在身体上

腿
（4针）

侧面
（1行）
缝上手
尾巴 用留出的线头缝住上下两端
（2行）
（5行）
缝上腿
将第5圈的减针位置作为脚尖侧

23.5cm

20.5cm

头部的针数表

圈数	针数	加减针
15	18	-6
14	24	
13	24	-6
12	30	
11	30	-6
9、10	36	
8	36	+6
7	30	
6	30	+6
5	24	
4	24	+6
3	18	+6
2	12	+6
1	6	

身体的针数表

圈数	针数	加减针
16～18	22	
15	22	-6
12～14	28	
11	28	-6
7～10	34	
6	34	+6
5	28	
4	28	+6
3	22	+6
2	16	+6
1	10	

※p.59 56、57的组合方法

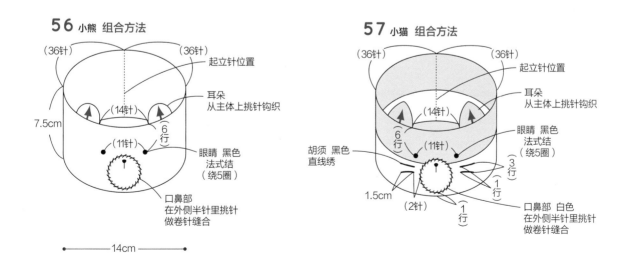

56 小熊 组合方法

（36针）　（36针）
起立针位置
耳朵 从主体上挑针钩织
7.5cm
（14针）
（6行）
（11针）
眼睛 黑色 法式结（绕5圈）
口鼻部 在外侧半针里挑针做卷针缝合
14cm

57 小猫 组合方法

（36针）　（36针）
起立针位置
耳朵 从主体上挑针钩织
（14针）
（6行）
（11针）
眼睛 黑色 法式结（绕5圈）
胡须 黑色 直线绣
（3行）
（1行）
1.5cm
（2针）
（1行）
口鼻部 白色 在外侧半针里挑针做卷针缝合

25~28 厨房小物

图片▶p.12, p.13

准备材料

【线】和麻纳卡 Wash Cotton
25 白色(1)25g, 米色(3)10g, 嫩草色(37)2g
26 白色(1)6g, 嫩草色(37)2g
27 白色(1)5g, 嫩草色(37)2g
28 白色(1)、米色(3)各12g, 嫩草色(37)4g
【针】钩针 4/0 号
【其他】
28 填充棉适量

成品尺寸

参照图示

25 主体的针数表

圈数	针数	加针
13	78	+6
12	72	+6
11	66	+6
10	60	+6
9	54	+6
8	48	+6
7	42	+6
6	36	+6
5	30	+6
4	24	+6
3	18	+6
2	12	+6
1	6	

25 锅的主体　白色

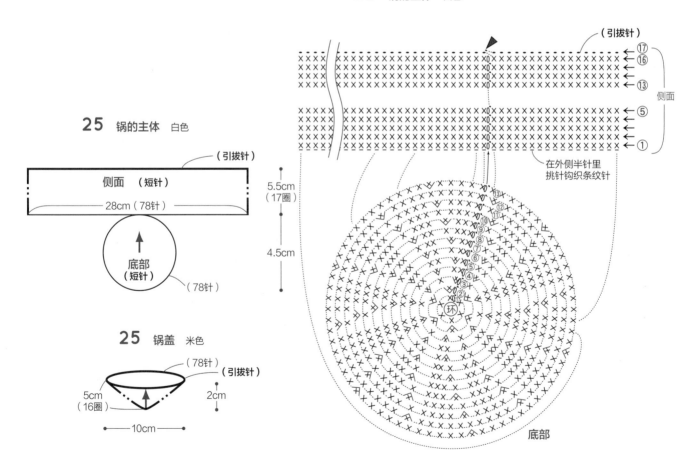

25 锅的主体　白色

（引拔针）
侧面　（短针）
28cm（78针）
底部（短针）
↑
（78针）

5.5cm（17圈）
4.5cm

在外侧半针里
挑针钩织条纹针
侧面

25 锅盖　米色

（78针）
（引拔针）
5cm（16圈）
2cm
10cm
底部

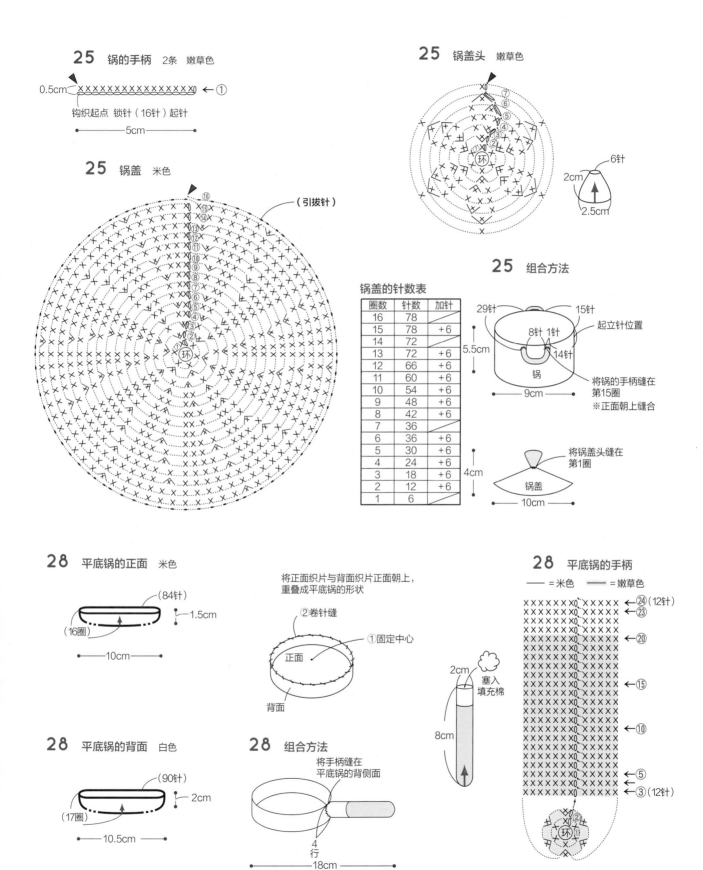

25 锅的手柄　2条　嫩草色

0.5cm

钩织起点　锁针（16针）起针

5cm

25 锅盖　米色

（引拔针）

25 锅盖头　嫩草色

6针

2cm

2.5cm

25 组合方法

锅盖的针数表

圈数	针数	加针
16	78	
15	78	+6
14	72	
13	72	+6
12	66	+6
11	60	+6
10	54	+6
9	48	+6
8	42	+6
7	36	
6	36	+6
5	30	+6
4	24	+6
3	18	+6
2	12	+6
1	6	

5.5cm

4cm

29针　15针

8针　1针　起立针位置

14针

锅

将锅的手柄缝在
第15圈
※正面朝上缝合

9cm

将锅盖头缝在
第1圈

锅盖

10cm

28 平底锅的正面　米色

（84针）

1.5cm

（16圈）

10cm

将正面织片与背面织片正面朝上，
重叠成平底锅的形状

②卷针缝

①固定中心

正面

背面

28 平底锅的背面　白色

（90针）

2cm

（17圈）

10.5cm

28 组合方法

将手柄缝在
平底锅的背侧面

4
行

18cm

2cm

塞入填充棉

8cm

28 平底锅的手柄

━ ＝米色　　━ ＝嫩草色

(12针)

(12针)

41

28 平底锅的正面　米色

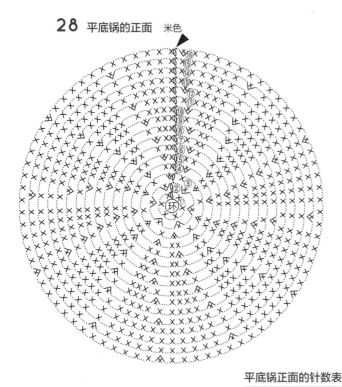

28 平底锅的背面　白色

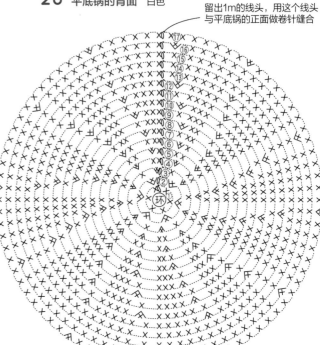

留出1m的线头，用这个线头与平底锅的正面做卷针缝合

平底锅正面的针数表

圈数	针数	加针
16	84	+6
15	78	+6
13、14	72	
12	72	+6
11	66	+6
10	60	+6
9	54	+6
8	48	+6
7	42	+6
6	36	+6
5	30	+6
4	24	+6
3	18	+6
2	12	+6
1	6	

平底锅背面的针数表

针数	圈数	加针
17	90	+6
16	84	+6
14、15	78	
13	78	+6
12	72	+6
11	66	+6
10	60	+6
9	54	+6
8	48	+6
7	42	+6
6	36	+6
5	30	+6
4	24	+6
3	18	+6
2	12	+6
1	6	

26、27 手柄（通用）

— = 白色
▬ = 嫩草色

留出15cm左右的线头，用这个线头将其缝在主体上

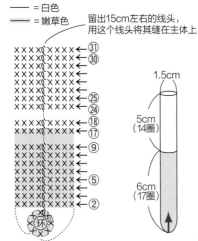

1.5cm
5cm（14圈）
6cm（17圈）

27 汤勺的主体　白色

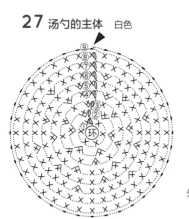

汤勺的针数表

圈数	针数	加针
7~9	36	
6	36	+6
5	30	+6
4	24	+6
3	18	+6
2	12	+6
1	6	

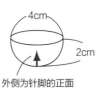

4cm
2cm
外侧为针脚的正面

26 锅铲的主体　2片　白色

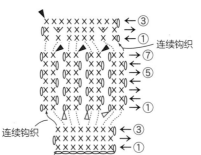

连续钩织

连续钩织
钩织起点　锁针（8针）起针

4cm
4.5cm
3cm
正面朝外重叠2片主体，将——部分全部做卷针缝合

组合方法

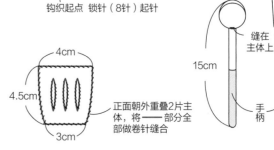

27　26
15cm　15.5cm
缝在主体上　手柄

30~36 手指玩偶

图片▶p.16, p.17

准备材料

【线】和麻纳卡 Cotton Nottoc

30 米色（7）3g，茶色（9）2g，粉红色（2）、蓝色（4）、黑色（10）、橙色（11）、红色（14）、白色（16）各少量

31 米色（7）、浅蓝色（15）各4g，抹茶色（6）2g，黑色（10）、红色（14）、白色（16）各少量

32 浅蓝色（15）5g，茶色（9）、黑色（10）、白色（16）各少量

33 粉红色（2）3g，水蓝色（5）2g，茶色（9）、黑色（10）各少量

34 米色（7）3g，茶色（9）2g，黑色（10）、白色（16）、绿色（18）各少量

35 黄色（12）5g，米色（7）、茶色（9）、黑色（10）各少量

36 米色（7）3g，茶色（9）2g，粉红色（2）、黑色（10）、红色（14）、白色（16）各少量

【针】钩针4/0号

【其他】（通用）

填充棉适量

成品尺寸

参照图示

30~36 身体 ◉=分别与头部的15针缝合

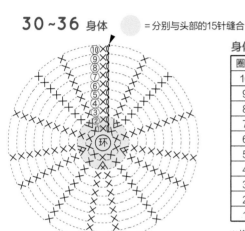

身体的针数表和配色表

圈数	针数	增针	30	31	32	33	34	35	36
10	15						绿色		
9	15		蓝色			粉红色			红色
8	15						白色		
7	15								
6	15			抹茶色	浅蓝色		绿色	黄色	
5	15								
4	15		橙色			水蓝色			白色
3	15						白色		
2	15	+5							
1	10								

※将头部缝在身体的第2圈与第3圈之间

30~36 手 2只

手的针数表和配色表 （35长颈鹿除外）

圈数	针数	30	31	32	33	34	36
4	6	白色	抹茶色		水蓝色	绿色	粉红色
3	6			浅蓝色			
2	6	米色	米色		粉红色	米色	米色
1	6						

※不用塞入填充棉，
将钩织终点压扁后卷针缝合3针，
再将手缝在身体上

30、36 头部 米色

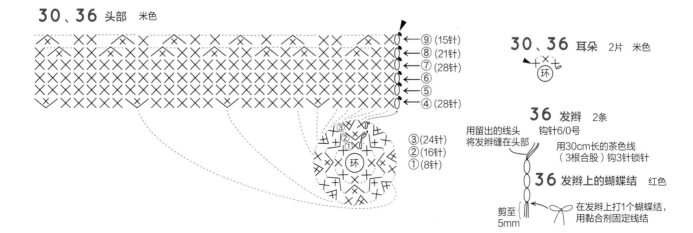

◀⑨(15针)
◀⑧(21针)
◀⑦(28针)
◀⑥
◀⑤
◀④(28针)

③(24针)
②(16针)
①(8针)

30、36 耳朵 2片 米色

36 发辫 2条 钩针6/0号

用留出的线头
将发辫缝在头部

用30cm长的茶色线
（3根合股）钩3针锁针

36 发辫上的蝴蝶结 红色

剪至5mm

在发辫上打1个蝴蝶结，
用黏合剂固定线结

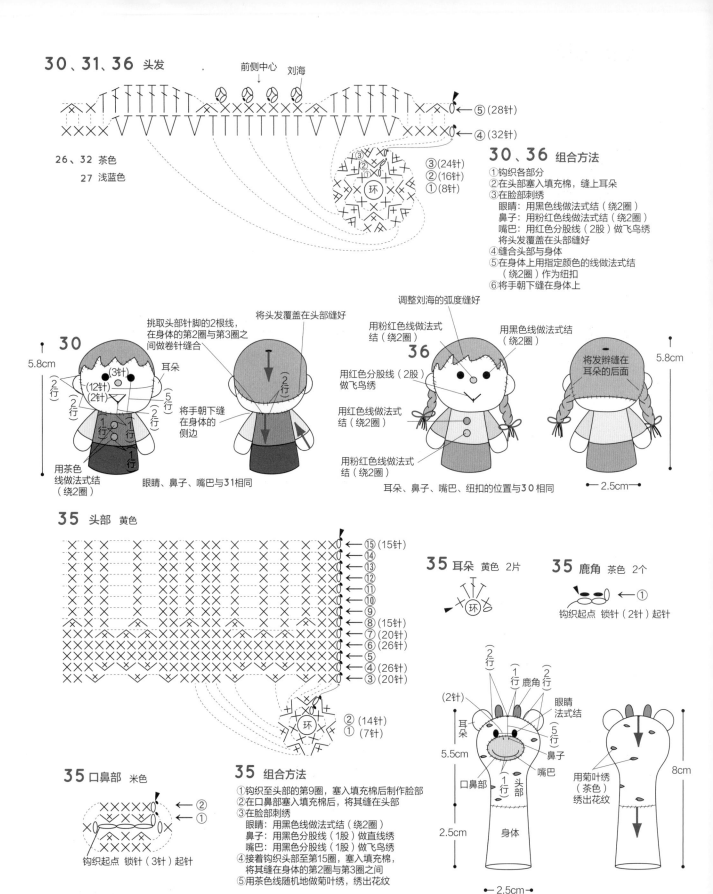

30、31、36 头发

前侧中心
刘海

⑤(28针)
④(32针)

③(24针)
②(16针)
①(8针)
环

26、32 茶色
27 浅蓝色

30、36 组合方法
①钩织各部分
②在头部塞入填充棉，缝上耳朵
③在脸部刺绣
　眼睛：用黑色线做法式结（绕2圈）
　鼻子：用粉红色线做法式结（绕2圈）
　嘴巴：用红色分股线（2股）做飞鸟绣
　将头发覆盖在头部缝好
④缝合头部与身体
⑤在身体上用指定颜色的线做法式结
　（绕2圈）作为纽扣
⑥将手朝下缝在身体上

30
5.8cm

挑取头部针脚的2根线，
在身体的第2圈与第3圈之
间做卷针缝合

将头发覆盖在头部缝好

耳朵
(3针)
(12针)
(2针)
(2行)
(2行)
(5行)
(2行)
1行
1行
1行

(2行)

将手朝下缝
在身体的侧边

用茶色
线做法式结
（绕2圈）

眼睛、鼻子、嘴巴与31相同

36
5.8cm

调整刘海的弧度缝好

用粉红色线做法式
结（绕2圈）

用黑色线做法式结
（绕2圈）

用红色分股线（2股）
做飞鸟绣

用红色线做法式
结（绕2圈）

用粉红色线做法式
结（绕2圈）

将发辫缝在
耳朵的后面

耳朵、鼻子、嘴巴、纽扣的位置与30相同
2.5cm

35 头部 黄色

⑮(15针)
⑭
⑬
⑫
⑪
⑩
⑨
⑧(15针)
⑦(20针)
⑥(26针)
⑤
④(26针)
③(20针)

②(14针)
①(7针)
环

35 耳朵 黄色 2片

环

35 鹿角 茶色 2个

①
钩织起点 锁针（2针）起针

35 口鼻部 米色

②
①

钩织起点 锁针（3针）起针

35 组合方法
①钩织至头部的第9圈，塞入填充棉后制作脸部
②在口鼻部塞入填充棉后，将其缝在头部
③在脸部刺绣
　眼睛：用黑色线做法式结（绕2圈）
　鼻子：用黑色分股线（1股）做直线绣
　嘴巴：用黑色分股线（1股）做飞鸟绣
④接着钩织头部至第15圈，塞入填充棉，
　将其缝在身体的第2圈与第3圈之间
⑤用茶色线随机地做菊叶绣，绣出花纹

(2行)
(1行) 鹿角 (2行)
(2针)
耳朵
5.5cm
2.5cm

眼睛
法式结
(5行)
(1行)
头部
鼻子
嘴巴
口鼻部

身体

用菊叶绣
（茶色）
绣出花纹

8cm

2.5cm

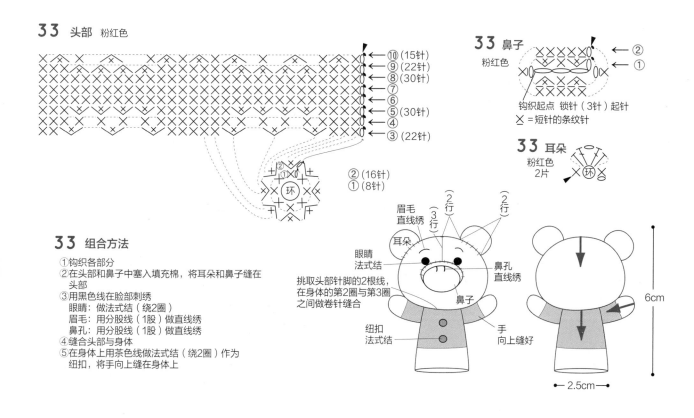

33 头部 粉红色

← ⑩ (15针)
← ⑨ (22针)
← ⑧ (30针)
← ⑦
← ⑥
← ⑤ (30针)
← ④
← ③ (22针)

②(16针)
①(8针)

33 鼻子
粉红色

← ②
← ①

钩织起点 锁针（3针）起针

✕ = 短针的条纹针

33 耳朵
粉红色
2片

33 组合方法
① 钩织各部分
② 在头部和鼻子中塞入填充棉，将耳朵和鼻子缝在头部
③ 用黑色线在脸部刺绣
　眼睛：做法式结（绕2圈）
　眉毛：用分股线（1股）做直线绣
　鼻孔：用分股线（1股）做直线绣
④ 缝合头部与身体
⑤ 在身体上用茶色线做法式结（绕2圈）作为纽扣，将手向上缝在身体上

眉毛 直线绣
②行 ③行 ②行
耳朵
眼睛 法式结
鼻子
挑取头部针脚的2根线，在身体的第2圈与第3圈之间做卷针缝合
纽扣 法式结
鼻孔 直线绣
手 向上缝好

6cm
2.5cm

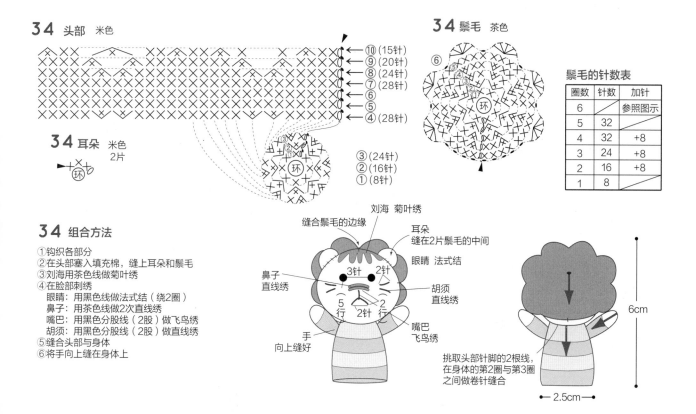

34 头部 米色

← ⑩ (15针)
← ⑨ (20针)
← ⑧ (24针)
← ⑦ (28针)
← ⑥
← ⑤
← ④ (28针)

③(24针)
②(16针)
①(8针)

34 耳朵 米色
2片

34 鬃毛 茶色

⑥

鬃毛的针数表

圈数	针数	加针
6		参照图示
5	32	
4	32	+8
3	24	+8
2	16	+8
1	8	

34 组合方法
① 钩织各部分
② 在头部塞入填充棉，缝上耳朵和鬃毛
③ 刘海用茶色线做菊叶绣
④ 在脸部刺绣
　眼睛：用黑色线做法式结（绕2圈）
　鼻子：用茶色线做2次直线绣
　嘴巴：用黑色分股线（2股）做飞鸟绣
　胡须：用黑色分股线（2股）做直线绣
⑤ 缝合头部与身体
⑥ 将手向上缝在身体上

刘海 菊叶绣
缝合鬃毛的边缘
耳朵 缝在2片鬃毛的中间
眼睛 法式结
鼻子 直线绣
3针 2针
胡须 直线绣
5行 2针 2行
嘴巴 飞鸟绣
手 向上缝好
挑取头部针脚的2根线，在身体的第2圈与第3圈之间做卷针缝合

6cm
2.5cm

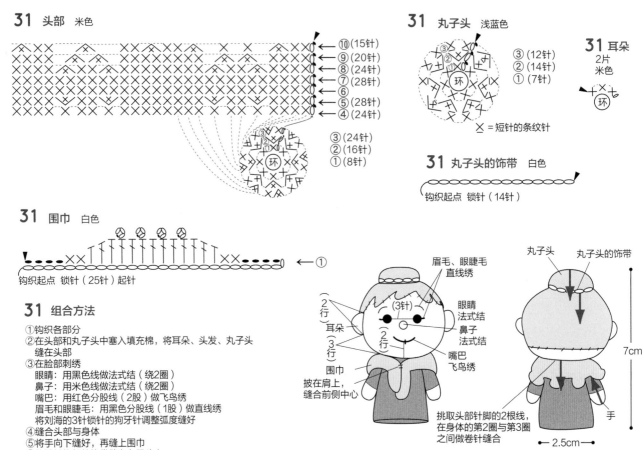

31 头部 米色

⑩(15针)
⑨(20针)
⑧(24针)
⑦(28针)
⑥
⑤(28针)
④(24针)

③(24针)
②(16针)
①(8针)

31 丸子头 浅蓝色

③(12针)
②(14针)
①(7针)

31 耳朵
2片
米色

✕ = 短针的条纹针

31 丸子头的饰带 白色

钩织起点 锁针(14针)

31 围巾 白色

← ①

钩织起点 锁针(25针)起针

31 组合方法

①钩织各部分
②在头部和丸子头中塞入填充棉,将耳朵、头发、丸子头
　缝在头部
③在脸部刺绣
　眼睛:用黑色线做法式结(绕2圈)
　鼻子:用米色线做法式结(绕2圈)
　嘴巴:用红色分股线(2股)做飞鸟绣
　眉毛和眼睫毛:用黑色分股线(1股)做直线绣
　将刘海的3针锁针的狗牙针调整弧度缝好
④缝合头部与身体
⑤将手向下缝好,再缝上围巾
⑥将锁针钩织的饰带缝在丸子头上

眉毛、眼睫毛
直线绣

丸子头　丸子头的饰带

(3针)

2行
耳朵
3行

眼睛
法式结

鼻子
法式结

嘴巴
飞鸟绣

围巾
披在肩上,
缝合前侧中心

7cm

手

挑取头部针脚的2根线,
在身体的第2圈与第3圈
之间做卷针缝合

← 2.5cm →

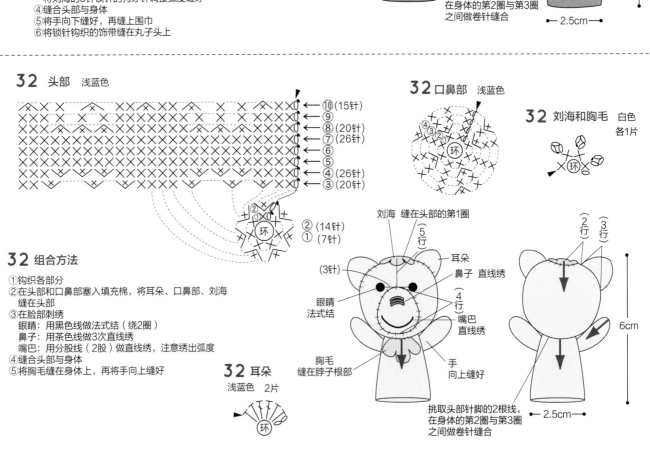

32 头部 浅蓝色

⑩(15针)
⑨
⑧(20针)
⑦(26针)
⑥
⑤
④(26针)
③(20针)

②(14针)
①(7针)

32 口鼻部 浅蓝色

32 刘海和胸毛 白色
各1片

32 组合方法

①钩织各部分
②在头部和口鼻部塞入填充棉,将耳朵、口鼻部、刘海
　缝在头部
③在脸部刺绣
　眼睛:用黑色线做法式结(绕2圈)
　鼻子:用茶色线做3次直线绣
　嘴巴:用分股线(2股)做直线绣,注意绣出弧度
④缝合头部与身体
⑤将胸毛缝在身体上,再将手向上缝好

32 耳朵
浅蓝色 2片

刘海　缝在头部的第1圈

5行

耳朵

鼻子 直线绣

(3针)

4行

眼睛
法式结

嘴巴
直线绣

胸毛
缝在脖子根部

手
向上缝好

2行 3行

6cm

挑取头部针脚的2根线,
在身体的第2圈与第3圈
之间做卷针缝合

← 2.5cm →

37~43 三明治

图片▶p.18, p.19

准备材料

【线】DMC Happy Cotton
37 本白色系（761）10g、金黄色系（792）2g
38 粉红色系（799）、嫩粉色系（764）各2g
39 绿色系（781）5g
40 红色系（789）6g、朱红色系（790）4g、金黄色系（792）少量
41 米色系（776）20g、茶色系（777）5g
42 嫩粉色系（764）6g、本白色系（761）1g

43 奶黄色系（770）20g、茶色系（777）5g
【针】钩针5/0号
【其他】（通用）
37、41、43 填充棉适量

成品尺寸

参照图示

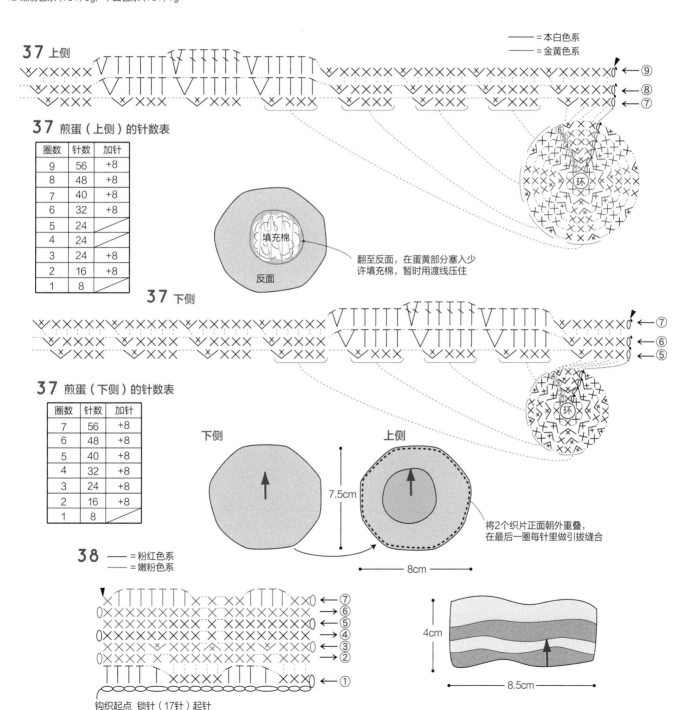

—— = 本白色系
—— = 金黄色系

37 上侧

←⑨
←⑧
←⑦

37 煎蛋（上侧）的针数表

圈数	针数	加针
9	56	+8
8	48	+8
7	40	+8
6	32	+8
5	24	
4	24	
3	24	+8
2	16	+8
1	8	

填充棉

反面

翻至反面，在蛋黄部分塞入少许填充棉，暂时用渡线压住

37 下侧

←⑦
←⑥
←⑤

环

37 煎蛋（下侧）的针数表

圈数	针数	加针
7	56	+8
6	48	+8
5	40	+8
4	32	+8
3	24	+8
2	16	+8
1	8	

下侧

上侧

7.5cm

8cm

将2个织片正面朝外重叠，在最后一圈每针里做引拔缝合

38 —— = 粉红色系
—— = 嫩粉色系

←⑦
→⑥
←⑤
→④
←③
→②
←①

钩织起点 锁针（17针）起针

4cm

8.5cm

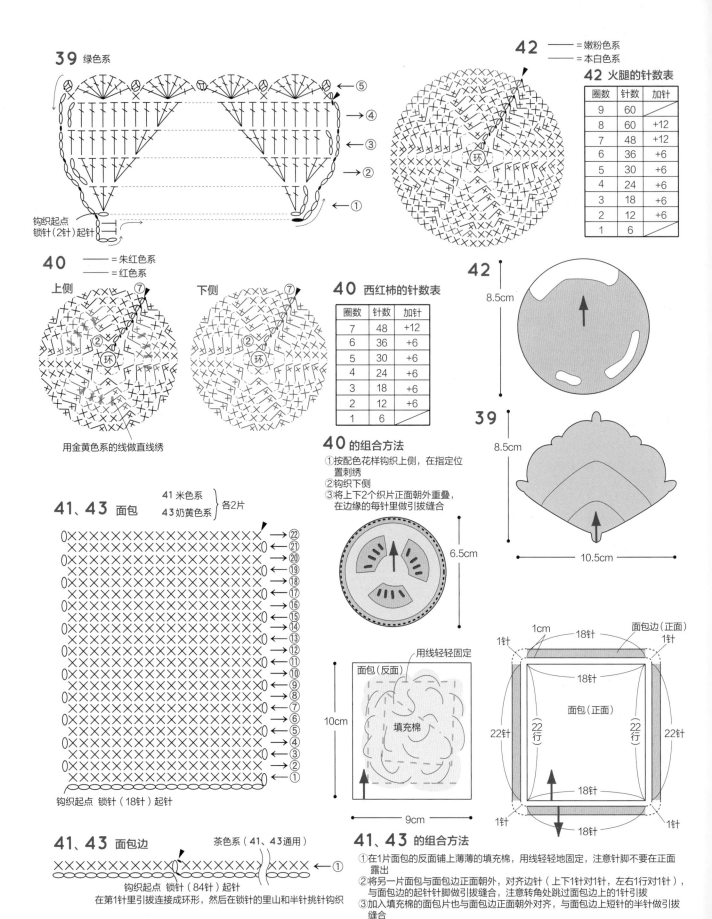

39 绿色系

钩织起点
锁针（2针）起针

42
— = 嫩粉色系
— = 本白色系

42 火腿的针数表

圈数	针数	加针
9	60	
8	60	+12
7	48	+12
6	36	+6
5	30	+6
4	24	+6
3	18	+6
2	12	+6
1	6	

40
— = 朱红色系
— = 红色系

上侧　　　　　　下侧

用金黄色系的线做直线绣

40 西红柿的针数表

圈数	针数	加针
7	48	+12
6	36	+6
5	30	+6
4	24	+6
3	18	+6
2	12	+6
1	6	

40 的组合方法

①按配色花样钩织上侧，在指定位置刺绣
②钩织下侧
③将上下2个织片正面朝外重叠，在边缘的每针里做引拔缝合

6.5cm

42
8.5cm

39
8.5cm

10.5cm

41、43 面包

41 米色系
43 奶黄色系 }各2片

钩织起点 锁针（18针）起针

用线轻轻固定
面包（反面）
填充棉

10cm

9cm

1cm
面包边（正面）
1针
1针
18针
18针
面包（正面）
22针　22行　22行　22针
1针
18针
18针
1针

41、43 面包边

茶色系（41、43通用）

钩织起点 锁针（84针）起针
在第1针里引拔连接成环形，然后在锁针的里山和半针挑针钩织

41、43 的组合方法

①在1片面包的反面铺上薄薄的填充棉，用线轻轻地固定，注意针脚不要在正面露出
②将另一片面包与面包边正面朝外，对齐边缘（上下1针对1针，左右1行对1针），与面包边的起针针脚做引拔缝合，注意转角处跳过面包边上的1针引拔
③加入填充棉的面包片也与面包边正面朝外对齐，与面包边上短针的半针做引拔缝合

44~50 钓鱼玩具

图片▶p.20, p.21　重点教程▶p.29

准备材料

【线】DMC Happy Cotton

44 蓝色系 (798) 8g, 黑色系 (775)、天蓝色系 (786)、柠檬黄色系 (788) 各少量

45 天蓝色系 (786) 8g, 黑色系 (775)、柠檬黄色系 (788)、蓝色系 (798) 各少量

46 粉红色系 (799) 9g, 黑色系 (775) 少量

47 翠绿色系 (782) 8g, 黑色系 (775) 2g

48 柠檬黄色系 (788) 7g, 黑色系 (775)、天蓝色系 (786)、蓝色系 (798) 各少量

49 红色系 (789) 9g, 黑色系 (775) 少量

50 本白色系 (761) 8g, 黑色系 (775) 0.5g

【针】钩针 5/0 号

【其他】(通用)

磁铁 (直径 1.3cm) 各 1 个, 填充棉各适量

成品尺寸

参照图示

44、45、48 小鱼

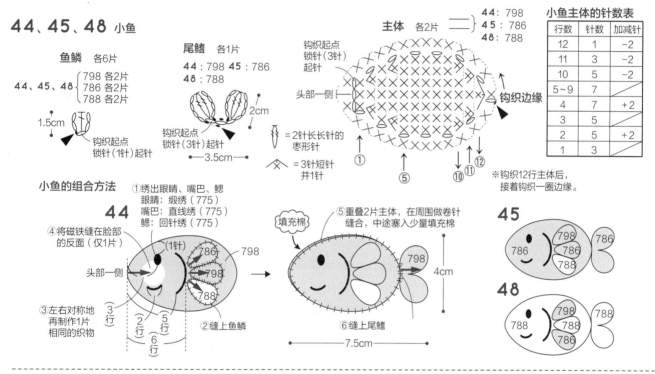

行数	针数	加减针
12	1	−2
11	3	−2
10	5	−2
5~9	7	
4	7	+2
3	5	
2	5	+2
1	3	

小鱼主体的针数表

※钩织12行主体后,接着钩织一圈边缘。

46 海星 2片

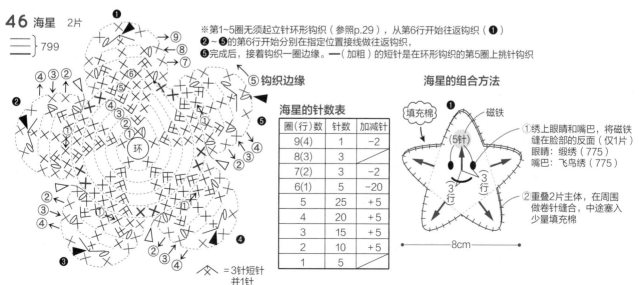

※第1~5圈无须起立针环形钩织 (参照p.29), 从第6行开始往返钩织 (❶)
❷~❺的第6行开始分别在指定位置接线做往返钩织,
❺完成后,接着钩织一圈边缘。 ——(加粗)的短针是在环形钩织的第5圈上挑针钩织

海星的针数表

圈(行)数	针数	加减针
9(4)	1	−2
8(3)	3	
7(2)	3	−2
6(1)	5	−20
5	25	+5
4	20	+5
3	15	+5
2	10	+5
1	5	

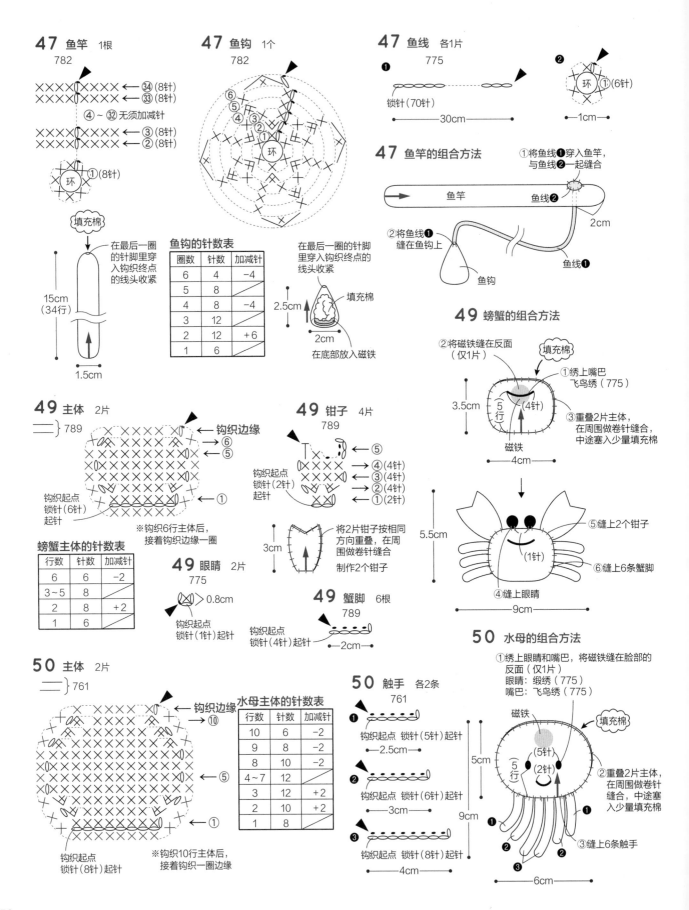

51~55 果蔬切切乐

图片▶p.22, p.23

准备材料

【线】DARUMA 梦色木棉

51 红色(9)25g，柠檬黄色(21)10g，深棕色(26)
少量

52 橙色(3)13g，绿色(19)2g

53 本白色(1)7g，茶色(18)3g

54 本白色(1)20g，深绿色(11)4g

55 黄色(4)15g，柠檬黄色(21)4g，土黄色(17)
2g

【针】钩针7/0号

【其他】

填充棉适量(通用)

51 魔术贴(2cm×3.5cm)1组

52、54、55 魔术贴(2cm×2cm)各1组

53 包用底板(塑料)

成品尺寸

参照图示

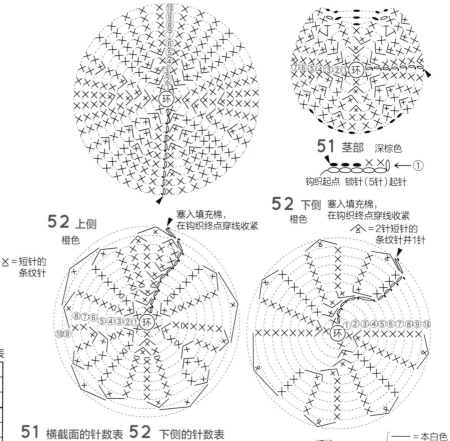

51 外侧　红色　2片

51 横截面　柠檬黄色　2片

51 茎部　深棕色

钩织起点 锁针(5针)起针　←①

塞入填充棉，
在钩织终点穿线收紧

52 上侧
橙色

52 下侧　橙色
塞入填充棉，
在钩织起点穿线收紧
〼 = 2针短针的
条纹针并1针

✕ = 短针的
条纹针

51 外侧的针数表

圈数	针数	加针
9~10	38	
8	38	+4
7	34	
6	34	+4
5	30	+6
4	24	+6
3	18	+6
2	12	+6
1	6	

52 上侧的针数表

圈数	针数	加减针
10	5	−5
9	10	−10
7~8	20	
6	20	+3
5	17	+3
4	14	
3	14	+2
2	12	+6
1	6	

51 横截面的针数表

圈数	针数	加针
7	38	+4
6	34	+6
5	28	+5
4	23	+5
3	18	+6
2	12	+6
1	6	

52 下侧的针数表

圈数	针数	加减针
10	7	−7
6~9	14	
5	14	+2
4	12	+2
3	10	+2
2	8	+4
1	4	

52 叶子
绿色

6针

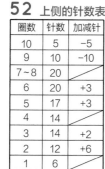

52 组合方法

3.5cm

3.5cm

5cm

3cm

缝上叶子

将魔术贴缝在两侧

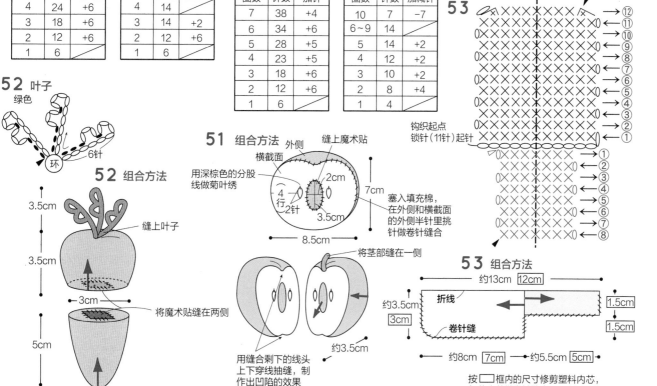

51 组合方法

外侧

横截面

用深棕色的分股
线做菊叶绣

4行　2针

2cm

3.5cm

7cm

塞入填充棉，
在外侧和横截面
的外侧半针里挑
针做卷针缝合

8.5cm

将茎部缝在一侧

用缝合剩下的线头
上下穿线抽缝，制
作出凹陷的效果

约3.5cm

53

折线

{ ── = 本白色
  ── = 茶色 }

→⑫
←⑪
→⑩
←⑨
→⑧
←⑦
→⑥
←⑤
→④
←③
→②
←①

钩织起点
锁针(11针)起针

①
②
③
④
⑤
⑥
⑦
⑧

53 组合方法

约13cm　12cm

折线

约3.5cm　3cm

卷针缝

1.5cm

1.5cm

约8cm　7cm　约5.5cm　5cm

按□框内的尺寸修剪塑料内芯，
包住内芯做卷针缝合

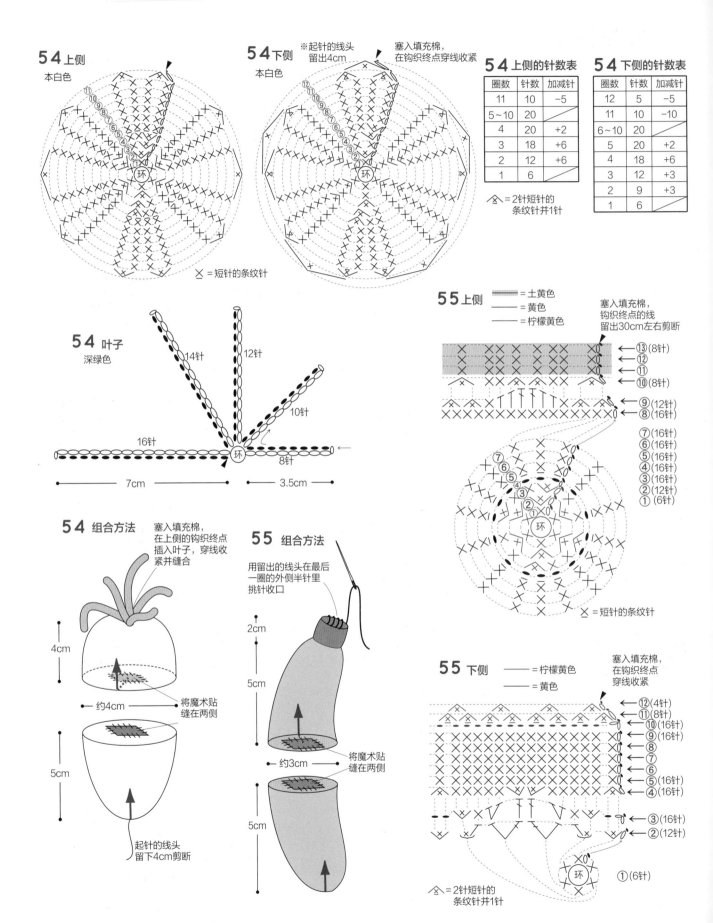

54 上側
本白色

54 下側
本白色

※起针的线头
留出4cm

塞入填充棉，
在钩织终点穿线收紧

× = 短针的条纹针

54 叶子
深绿色

14针　12针　10针
16针　8针
7cm　3.5cm
环

54 组合方法

塞入填充棉，
在上侧的钩织终点
插入叶子，穿线收紧并缝合

4cm
约4cm
5cm

将魔术贴缝在两侧

起针的线头
留下4cm剪断

54 上侧的针数表

圈数	针数	加减针
11	10	−5
5~10	20	
4	20	+2
3	18	+6
2	12	+6
1	6	

54 下侧的针数表

圈数	针数	加减针
12	5	−5
11	10	−10
6~10	20	
5	20	+2
4	18	+6
3	12	+3
2	9	+3
1	6	

= 2针短针的
条纹针并1针

55 上側
= 土黄色
= 黄色
= 柠檬黄色

塞入填充棉，
钩织终点的线
留出30cm左右剪断

←⑬(8针)
←⑫
←⑪
←⑩(8针)
←⑨(12针)
←⑧(16针)
⑦(16针)
⑥(16针)
⑤(16针)
④(16针)
③(16针)
②(12针)
①(6针)

× = 短针的条纹针

55 组合方法

用留出的线头在最后
一圈的外侧半针里
挑针收口

2cm
5cm
约3cm
5cm

将魔术贴缝在两侧

55 下側
= 柠檬黄色
= 黄色

塞入填充棉，
在钩织终点
穿线收紧

←⑫(4针)
←⑪(8针)
←⑩(16针)
←⑨(16针)
←⑧
←⑦
←⑥
←⑤(16针)
←④(16针)
←③(16针)
←②(12针)
①(6针)

= 2针短针的
条纹针并1针

环

29 六面体玩具

图片▸p.14, p.15　重点教程▸p.29

准备材料

【线】DMC Happy Cotton
柠檬黄色系（788）32g，天蓝色系（786）30g，黄绿色系（779）32g，绿色系（781）39g，橙色系（753）22g，红色系（789）58g，粉红色系（799）58g，蓝色系（798）32g
【针】钩针5/0号
【其他】
〈主体〉填充棉80g，填充颗粒500g；〈零部件〉填充棉各适量
〈上面〉厚纸（偏薄／15cm×11.5cm）1片，卫生纸芯2个
〈侧面〉厚纸（偏厚／30cm×15cm）2片
〈底部、上面〉厚纸（偏厚／15cm×15cm）2片
〈底部内层〉厚纸（偏薄／14.5cm×14.5cm）1片
〈D面〉厚纸（偏薄／直径5cm）1片，卫生纸芯1个
纽扣（15mm／黄色、蓝色）各2颗，纽扣（15mm／红色、水蓝色）各1颗，
纽扣（25mm／黄色）1颗，子母扣（15mm）1组，
铃铛（8mm）10个

成品尺寸

盒子的边长15cm

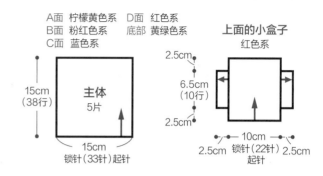

A面 柠檬黄色系　　D面 红色系
B面 粉红色系　　底部 黄绿色系
C面 蓝色系

主体
5片
15cm（38行）
15cm
锁针（33针）起针

上面的小盒子
红色系
2.5cm
6.5cm（10行）
2.5cm
10cm
2.5cm　锁针（22针）起针　2.5cm

主体、使用厚纸的尺寸及片数

〈上面〉
厚纸（偏厚）1片
1cm
4cm　1.5cm
挖空
6.5cm
10cm
2cm　3cm
2cm
15cm
15cm

※请根据织片的大小修剪
（尺寸仅供参考）

〈底部〉
厚纸（偏厚）1片
15cm
15cm

〈上面的小盒子〉
厚纸（偏薄）1片
2.5cm
6.5cm
2.5cm
折线
10cm
2.5cm　2.5cm

〈侧面〉
厚纸（偏厚）2片
折线
15cm
15cm　15cm
30cm

〈底部内层〉
厚纸（偏薄）1片
14.5cm
14.5cm

❶
厚纸
将2片侧面沿折线翻折，用胶带粘贴成正方形

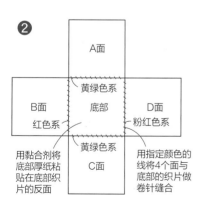

❷
A面
黄绿色系
B面　底部　D面
红色系　　粉红色系
黄绿色系
C面
用黏合剂将底部厚纸粘贴在底部织片的反面
用指定颜色的线将4个面与底部的织片做卷针缝合

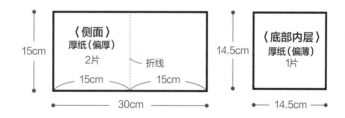

❸
等底部的黏合剂晾干后，用指定颜色的线依次将2个面做卷针缝合
粉红色系
D面　厚纸　A面
粉红色系
红色系
C面　B面
粉红色系
缝至一半左右时，涂上黏合剂粘贴在厚纸上，接着缝至最后，再用黏合剂粘贴其余部分

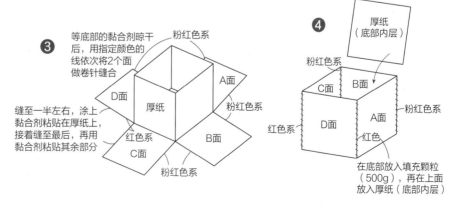

❹
厚纸（底部内层）
粉红色系
C面　B面
红色系　A面　粉红色系
D面
红色
在底部放入填充颗粒（500g），再在上面放入厚纸（底部内层）

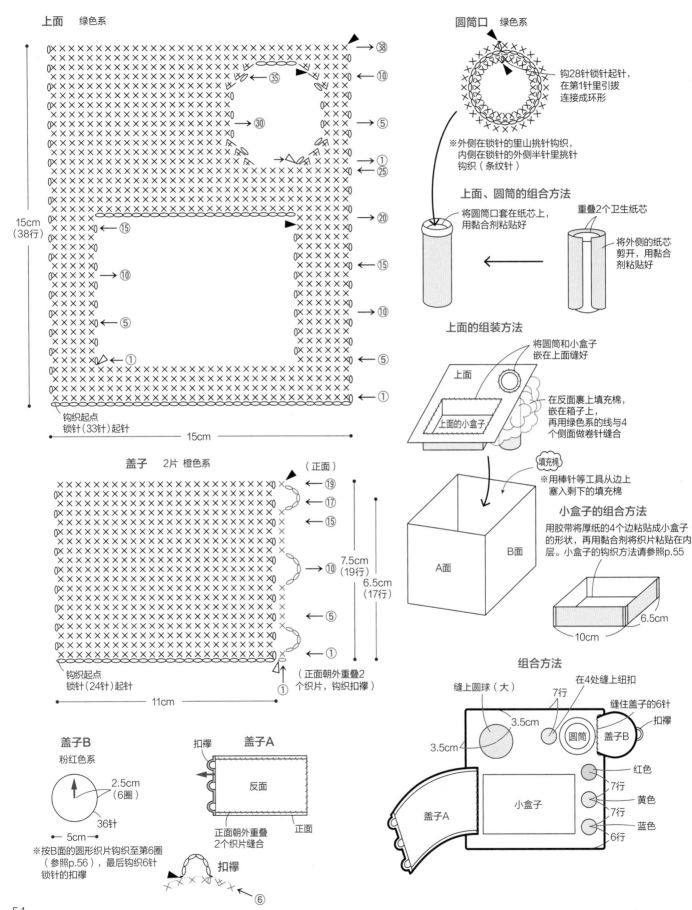

上面　绿色系

15cm
（38行）

15cm

钩织起点
锁针（33针）起针

盖子　2片　橙色系

（正面）

7.5cm
（19行）

6.5cm
（17行）

钩织起点
锁针（24针）起针

11cm

（正面朝外重叠2
个织片，钩织扣襻）

盖子B

粉红色系

2.5cm
（6圈）

36针

5cm

※按B面的圆形织片钩织至第6圈
（参照p.56），最后钩织6针
锁针的扣襻

扣襻

盖子A

扣襻

反面

正面

正面朝外重叠
2个织片缝合

扣襻

圆筒口　绿色系

钩28针锁针起针，
在第1针里引拔
连接成环形

※外侧在锁针的里山挑针钩织，
内侧在锁针的外侧半针里挑针
钩织（条纹针）

上面、圆筒的组合方法

将圆筒口套在纸芯上，
用黏合剂粘贴好

重叠2个卫生纸芯

将外侧的纸芯
剪开，用黏合
剂粘贴好

上面的组装方法

将圆筒和小盒子
嵌在上面缝好

上面

上面的小盒子

在反面裹上填充棉，
嵌在箱子上，
再用绿色系的线与4
个侧面做卷针缝合

填充棉

A面

B面

※用棒针等工具从边上
塞入剩下的填充棉

小盒子的组合方法

用胶带将厚纸的4个边粘贴成小盒子
的形状，再用黏合剂将织片粘贴在内
层。小盒子的钩织方法请参照p.55

6.5cm

10cm

组合方法

缝上圆球（大）

在4处缝上纽扣

7行

3.5cm

3.5cm

圆筒

盖子B

缝住盖子的6针

扣襻

红色

7行

黄色

7行

蓝色

6行

盖子A

小盒子

54

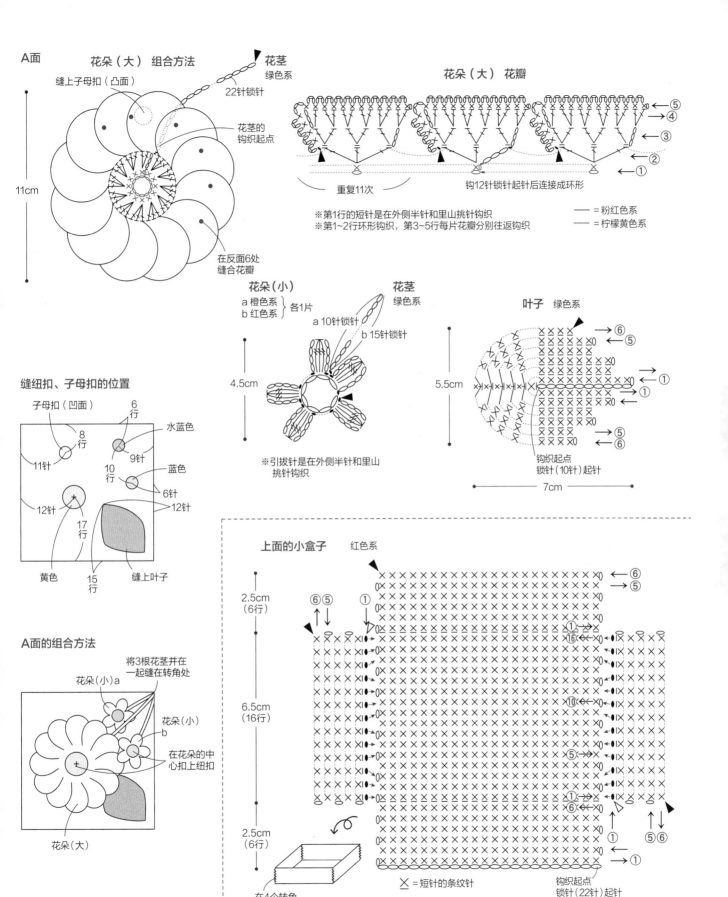

A面

花朵（大）组合方法

缝上子母扣（凸面）

花茎 绿色系

22针锁针

花茎的钩织起点

11cm

在反面6处缝合花瓣

花朵（大）花瓣

重复11次

钩12针锁针起针后连接成环形

※第1行的短针是在外侧半针和里山挑针钩织
※第1~2行环形钩织，第3~5行每片花瓣分别往返钩织

—— = 粉红色系
—— = 柠檬黄色系

花朵（小）

a 橙色系 } 各1片
b 红色系

花茎 绿色系

a 10针锁针
b 15针锁针

4.5cm

※引拔针是在外侧半针和里山挑针钩织

叶子 绿色系

5.5cm

钩织起点 锁针（10针）起针

7cm

缝纽扣、子母扣的位置

子母扣（凹面）

6行

8行

11针

9针

水蓝色

10行

蓝色

12针

6行

12针

17行

黄色

15行

缝上叶子

A面的组合方法

花朵（小）a

将3根花茎并在一起缝在转角处

花朵（小）b

在花朵的中心扣上纽扣

花朵（大）

上面的小盒子 红色系

2.5cm（6行）

6.5cm（16行）

2.5cm（6行）

在4个转角做卷针缝合

× = 短针的条纹针

钩织起点 锁针（22针）起针

2.5cm ← 10cm → 2.5cm

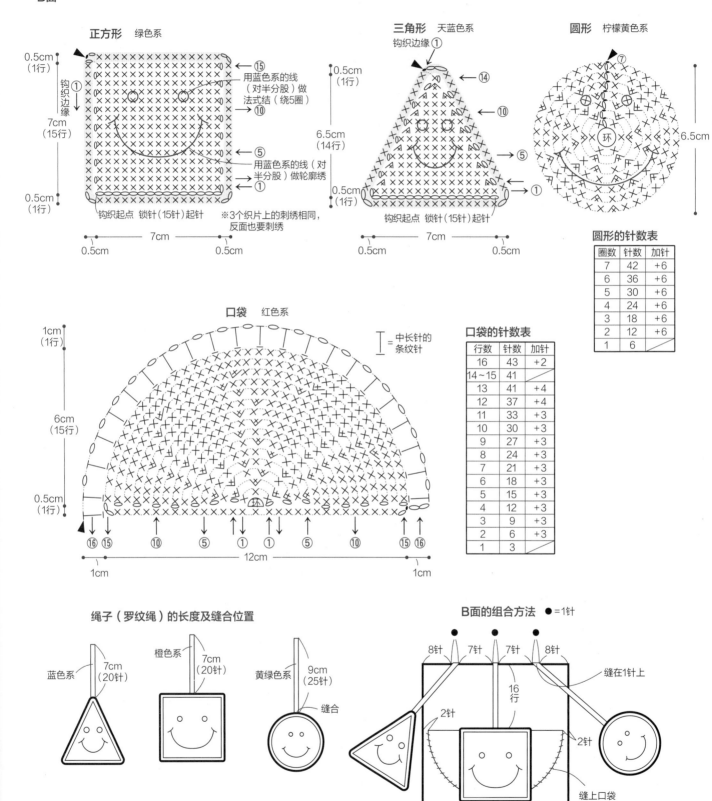

B面

正方形　绿色系

三角形　天蓝色系

圆形　柠檬黄色系

口袋　红色系

圆形的针数表

圈数	针数	加针
7	42	+6
6	36	+6
5	30	+6
4	24	+6
3	18	+6
2	12	+6
1	6	

口袋的针数表

行数	针数	加针
16	43	+2
14～15	41	
13	41	+4
12	37	+4
11	33	+3
10	30	+3
9	27	+3
8	24	+3
7	21	+3
6	18	+3
5	15	+3
4	12	+3
3	9	+3
2	6	+3
1	3	

绳子（罗纹绳）的长度及缝合位置

B面的组合方法　●=1针

56

上面、C面、D面（通用）

圆球（中、小、极小）
C面 { 小 黄绿色系 1个
D面 { 中 红色系、粉红色系 各1个
      小 黄绿色系 2个
      极小 绿色系、天蓝色系 各1个

圆球（大） 蓝色系
上面 } 各1个
C面 }

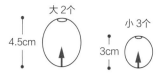

※除D面的圆球以外，塞入填充棉，在外侧半针里挑针收紧

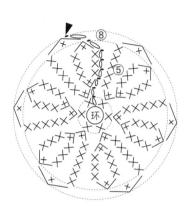

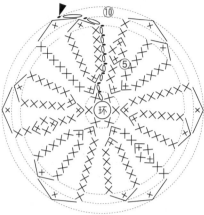

※圆球（小）钩织7圈（跳过第6圈）
※圆球（极小）钩织6圈（跳过第5、6圈）

圆球（大）的针数表

圈数	针数	加减针
10	6	-6
9	12	-6
8	18	
7	18	-3
6	21	
5	21	+3
4	18	
3	18	+6
2	12	+6
1	6	

圆球（中、小、极小）的针数表

圈数	针数			加减针
	中	小	极小	
8	6	6	6	-3
7	12	12	12	-6
6	18			
5	18	18		
4	18	18	18	
3	18	18	18	+6
2	12	12	12	+6
1	6	6	6	

C面

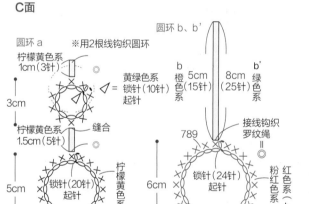

圆环 a
※用2根线钩织圆环
柠檬黄色系 1cm（3针）
黄绿色系 锁针（10针）起针
3cm
柠檬黄色系 1.5cm（5针）
缝合
5cm
锁针（20针）起针
柠檬黄色系

圆环 b、b'
b 橙色系 5cm（15针）
b' 绿色系 8cm（25针）
接线钩织罗纹绳
789
6cm
锁针（24针）起针
粉红色系（b）
红色系（b'）

C面的组合方法

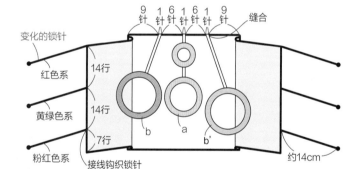

9针 1针 6针 1针 6针 1针 9针 缝合
变化的锁针
红色系 14行
黄绿色系 14行
粉红色系 7行
接线钩织锁针（35针）
约14cm
b a b'

圆球和门帘的组合方法

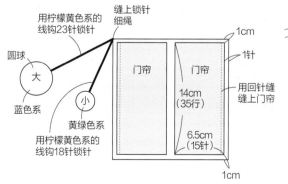

用柠檬黄色系的线钩23针锁针
缝上锁针细绳
圆球 大 蓝色系
小 黄绿色系
用柠檬黄色系的线钩18针锁针
门帘 门帘 14cm（35行）
1cm 1针
用回针缝缝上门帘
6.5cm（15针）
1cm

门帘 天蓝色系 2片

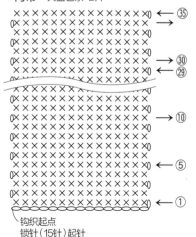

35 30 29 10 5 1
钩织起点 锁针（15针）起针

变化的锁针

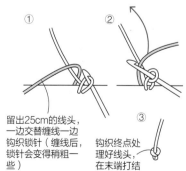

① 留出25cm的线头，一边交替缠线一边钩织锁针（缠线后，锁针会变得稍粗一些）
②
③ 钩织终点处理好线头，在末端打结

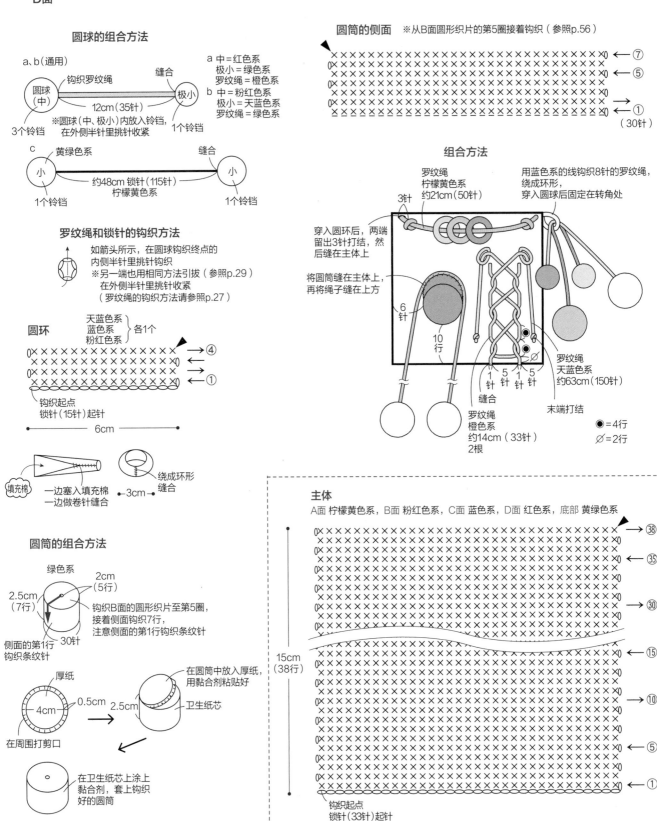

56、57 玩具收纳筐

图片▶p.24, p.25

【准备材料】
【线】和麻纳卡
56 Flax K / 米色（13）45g，
　　Cotton Nottoc / 黑色（10）少量
57 Flax K / 灰色（14）29g，白色（11）16g，
　　Cotton Nottoc / 黑色（10）少量
【针】钩针 5/0 号

【成品尺寸】
底部直径 14cm，深 7.5cm

主体　56 米色　　　57 — ＝灰色 — ＝白色　（引拔针）

侧面

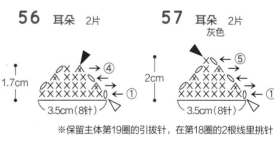

口鼻部 （短针）
56 米色
57 白色

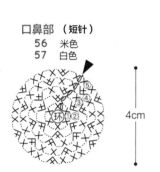

4cm

口鼻部的刺绣　黑色

（1针）缎绣
（1行）
（2行）直线绣
起立针位置

底部的针数表

圈数	行数	加针
17	102	+6
16	96	+6
15	90	+6
14	84	+6
13	78	+6
12	72	+6
11	66	+6
10	60	+6
9	54	+6
8	48	+6
7	42	+6
6	36	+6
5	30	+6
4	24	+6
3	18	+6
2	12	+6
1	6	

口鼻部的针数表

圈数	行数	加针
5	30	+6
4	24	+6
3	18	+6
2	12	+6
1	6	

在外侧半针里挑针钩织条纹针

底部

主体的组合方法

56 米色

57 灰色（10圈）
57 白色（9圈）

侧面（短针）
（引拔针）
44cm（102针）
7.5cm（19圈）
7cm（17圈）

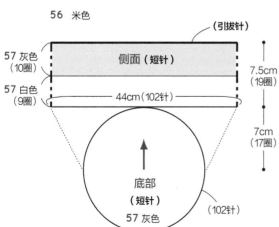

底部（短针）
57 灰色
（102针）

56 耳朵 2片
1.7cm
3.5cm（8针）

57 耳朵 2片 灰色
2cm
3.5cm（8针）

※保留主体第19圈的引拔针，在第18圈的2根线里挑针

※**56、57**的组合方法请参照p.39

钩针编织基础

如何看懂符号图　本书中的符号图均表示从织物正面看到的状态，根据日本工业标准（JIS）制定。
钩针编织没有正针和反针的区别（除内钩针和外钩针外），
交替看着正、反面进行往返钩织时也用相同的针法符号表示。

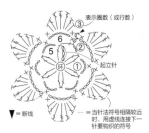

从中心向外环形钩织时
在中心环形起针（或钩织锁针连接成环形），然后一圈圈地向外钩织。每圈的起始处都要先钩织起立针（立起的锁针）。通常情况下，都是看着织物的正面按符号图从右往左（逆时针）钩织。

▼=断线　▽=接线

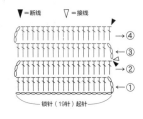

锁针（19针）起针

往返钩织时
特点是左右两侧都有起立针。原则上，当起立针位于右侧时，看着织物的正面按符号图从右往左钩织；当起立针位于左侧时，看着织物的反面按符号图从左往右钩织。左边的符号图表示在第3行换成配色线钩织。

锁针的识别方法

锁针有正、反面之分。反面中间突出的1根线叫作锁针的"里山"。

带线和持针方法

1 从左手的小指和无名指之间将线向前拉出，然后挂在食指上，将线头拉至手掌前。

2 用拇指和中指捏住线头，竖起食指使线绷紧。

3 用右手的拇指和食指捏住钩针，用中指轻轻抵住针头。

起始针的钩织方法

1 将钩针抵在线的后侧，如箭头所示转动针头。

2 再在针头挂线。

3 从线环中将线向前拉出。

4 拉动线头收紧，起始针就完成了（此针不计为1针）。

起针

从中心向外环形钩织时
（用线头制作线环）

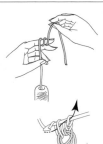

1 在左手食指上绕2圈线，制作线环。

2 从手指上取下线环重新捏住，在线环中插入钩针，如箭头所示挂线后向前拉出。

3 针头再次挂线拉出，钩1针立起的锁针。

拉出后的线圈

4 第1圈在线环中插入钩针，钩织所需针数的短针。

5 暂时取下钩针，拉动最初制作线环的线（1）和线头（2），收紧线环。

6 第1圈结束时，在第1针短针的头部插入钩针引拔。

从中心向外环形钩织时
（钩锁针制作线环）

1 钩织所需针数的锁针，在第1针锁针的半针里插入钩针引拔。

2 针头挂线后拉出，此针就是立起的锁针。

3 第1圈在线环中插入钩针，成束挑起锁针钩织所需针数的短针。

4 第1圈结束时，在第1针短针的头部插入钩针，挂线引拔。

往返钩织时

立起的1针锁针

1 钩织所需针数的锁针和立起的锁针，在边上第2针锁针里插入钩针，挂线后拉出。

2 针头挂线，如箭头所示将线拉出。

3 第1行完成后的状态（立起的1针锁针不计为1针）。

从前一行挑针的方法

同样是枣形针，符号不同，挑针的方法也不同。符号下方是闭合状态时，在前一行的1个针脚里钩织；符号下方是打开状态时，成束挑起前一行的锁针钩织。

在1个针脚里钩织

1 　2

成束挑起锁针钩织

1 　2

针法符号

⬭ 锁针

1 钩起始针，接着在针头挂线。

2 将挂线拉出，完成锁针。

3 按相同要领，重复步骤1和2的"挂线、拉出"，继续钩织。

4 5针锁针完成。

⬬ 引拔针

1 在前一行的针脚里插入钩针。

2 针头挂线。

3 将线一次性拉出。

4 1针引拔针完成。

✕ 短针

1 在前一行的针脚里插入钩针。

2 针头挂线，将线圈拉出至内侧（拉出后的状态叫作"未完成的短针"）。

3 针头再次挂线，一次性引拔穿过2个线圈。

4 1针短针完成。

⊤ 中长针

未完成的中长针

  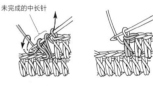

1 针头挂线，在前一行的针脚里插入钩针。

2 针头再次挂线，将线圈拉出至内侧（拉出后的状态叫作"未完成的中长针"）。

3 针头挂线，一次性引拔穿过3个线圈。

4 1针中长针完成。

⊤ 长针

未完成的长针

1 针头挂线，在前一行的针脚里插入钩针。再次挂线后拉出至内侧。

2 如箭头所示，针头挂线后引拔穿过2个线圈（引拔后的状态叫作"未完成的长针"）。

3 针头再次挂线，如箭头所示一次性引拔穿过剩下的2个线圈。

4 1针长针完成。

⊤ 长长针　3卷长针

※（ ）内是3卷长针的绕线圈数

1 在针头绕2圈（3圈）线，在前一行的针脚里插入钩针。再次挂线，将线圈拉出至内侧。

2 如箭头所示，针头挂线后引拔穿过2个线圈。

3 再重复2次（3次）相同操作。只重复1次后的状态叫作"未完成的长长针"。

4 1针长长针完成。

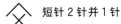 短针 2 针并 1 针

1 在前一行的 1 个针脚里插入钩针，挂线后拉出线圈。

2 按相同要领在下个针脚里插入钩针，挂线后拉出线圈。

3 针头挂线，一次性引拔穿过 3 个线圈。

4 短针 2 针并 1 针完成，比前一行少了 1 针。

 短针 1 针分 2 针

1 在前一行的针脚里钩 1 针短针。

2 在同一个针脚里再次插入钩针，挂线后将线拉出至内侧。

3 针头挂线，如箭头所示一次性引拔。

4 在 1 针里钩入 2 针短针后的状态，比前一行多了 1 针。

🐾 3 针锁针的狗牙针

1 钩 3 针锁针。

2 在短针头部的半针以及根部的 1 根线里插入钩针。

3 针头挂线，如箭头所示一次性引拔。

4 3 针锁针的狗牙针完成。

$\mathbb{A}$ 长针 2 针并 1 针

1 在前一行的针脚里钩 1 针未完成的长针，下一针也如箭头所示挂线，插入钩针后将线拉出。

2 针头挂线，引拔穿过 2 个线圈，钩织第 2 针未完成的长针。

3 针头挂线，一次性引拔穿过 3 个线圈。

4 长针 2 针并 1 针完成，比前一行少了 1 针。

 长针 1 针分 2 针

1 钩 1 针长针，接着针头挂线，在同一个针脚中插入钩针挂线钩出。

2 针头挂线，引拔穿过 2 个线圈。

3 针头再次挂线，引拔穿过剩下的 2 个线圈。

4 在 1 针里钩入 2 针长针后的状态，比前一行多了 1 针。

✕ 短针的棱针　　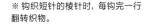 ※ 钩织短针的棱针时，每钩完一行翻转织物。

1 如箭头所示，在前一行针脚的外侧半针里插入钩针。

2 钩织短针。下一针也按相同要领在外侧半针里插入钩针。

3 钩织至行末，翻转织物。

4 按步骤1、2相同要领，在外侧半针里插入钩针钩织短针。

✕ 短针的条纹针　　※ 钩织短针的条纹针时，每圈朝同一个方向钩织。

1 每圈看着正面钩织。钩织 1 圈短针后，在起始针里引拔。

2 钩 1 针立起的锁针，接着在前一圈的外侧半针里挑针钩织短针。

3 按步骤 2 相同要领继续钩织短针。

4 前一圈的内侧半针呈现条纹状。图中是钩织第 3 圈短针的条纹针的状态。

🌾 3 针长针的枣形针　　※ 3 针或长针以外的情况，也按相同要领，在前一行的 1 个针脚里钩织指定针数的未完成的指定针法，再如图所示一次性引拔穿过针上的所有线圈。

1 在前一行的针脚里钩 1 针未完成的长针（参照 p.61）。

2 在同一个针脚里插入钩针，接着钩 2 针未完成的长针。

3 针头挂线，一次性引拔穿过针上的 4 个线圈。

4 3 针长针的枣形针完成。

外钩长针

1 针头挂线，如箭头所示从正面将钩针插入前一行长针的根部。

2 针头挂线后拉出，将线圈拉得稍微长一点。

3 针头再次挂线，引拔穿过2个线圈。再重复1次相同操作。

4 1针外钩长针完成。

内钩长针

※ 往返钩织中看着反面操作时，按外钩长针钩织。

1 针头挂线，如箭头所示从反面将钩针插入前一行长针的根部。

2 针头挂线，如箭头所示将线拉出至织物的后侧。

3 将线圈拉得稍微长一点，针头再次挂线，引拔穿过2个线圈。再重复1次相同操作。

4 1针内钩长针完成。

引拔接合

  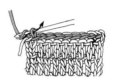

1 将2个织片正面朝内对齐（或者正面朝外对齐），在边针里插入钩针将线拉出，针头再次挂线引拔。

2 在下一个针脚里插入钩针，针头挂线后引拔。重复此操作，逐针地引拔接合。

3 结束时，在针头挂线引拔后断线。

刺绣基础针法

直线绣

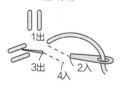

法式结

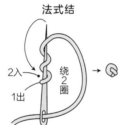

菊叶绣

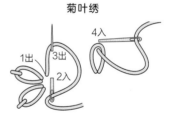

飞鸟绣

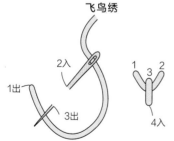

缎绣

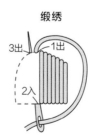

钉线绣

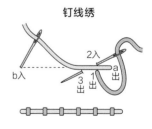

日文原版图书工作人员

图书设计	后藤美奈子
摄影	原田拳(作品) 本间伸彦(步骤详解、线材样品)
造型	铃木亚希子
模特	Elena F
作品设计	编织玩偶牧场 池上舞 冈本启子
	小野优子(ucono) 河合真弓 川路由美子
	长者加寿子 松本薰
钩织方法说明	及川真理子 加藤千绘 翼 外川加代
	三岛惠子
制图	加藤千绘 高桥玲子 中村亘 三岛惠子
步骤详解协助	河合真弓

【制作和使用时的注意事项】

※ 作品的零部件有可能脱落,毛线等材料的处理请务必仔细
一些。

※ 本书作品使用毛线制作而成。注意不要将毛线缠在手指上,以
免血液不流通而发生危险。

※ 虽然作品全部使用棉线钩织,请勿长时间放入口中,以免发生
危险。

※ 有的作品前端比较突出,使用时请多加注意。

※ 一部分玩具使用了毛线和填充棉以外的配件,使用时需要特别
注意。

※ 这些玩具的游玩没有设定年龄限制,请在监护人的视线范围内
使用。

原文书名:かぎ針で編む 子どものおままごとTOY

原作者名:E&G CREATED

Copyright © eandgcreates 2021

Original Japanese edition published by E&G CREATES.CO.,LTD.

Chinese simplified character translation rights arranged with E&G
CREATES.CO.,LTD.

Through Shinwon Agency Beijing Office.

Chinese simplified character translation rights © 2023 by China Textile &
Apparel Press

著作权合同登记号:图字:01-2023-0967

图书在版编目(CIP)数据

钩针编织孩子们喜欢的早教玩具 / 日本E&G创意编著;
蒋幼幼译. -- 北京:中国纺织出版社有限公司,2023.5
ISBN 978-7-5229-0274-6

Ⅰ.①钩… Ⅱ.①日… ②蒋… Ⅲ.①钩针—编织
Ⅳ.①TS935.521

中国版本图书馆CIP数据核字(2022)第254245号

责任编辑:刘茸		特约编辑:周蓓	
责任校对:高涵		责任印制:王艳丽	

中国纺织出版社有限公司出版发行
地址:北京市朝阳区百子湾东里 A407 号楼 邮政编码:100124
销售电话:010—67004422 传真:010—87155801
http://www.c-textilep.com
中国纺织出版社天猫旗舰店
官方微博 http://weibo.com/2119887771
北京华联印刷有限公司印刷 各地新华书店经销
2023 年 5 月第 1 版第 1 次印刷
开本:787×1092 1/16 印张:4
字数:92 千字 定价:59.80 元

凡购本书,如有缺页、倒页、脱页,由本社图书营销中心调换